製品開発は"機能"にばらして考えろ

緒方隆司 = 著

オリンパス㈱ECM推進部 = 監修

日刊工業新聞社

はじめに

　本書を手に取っていただいて、ありがとうございます。

　私自身は、2つのメーカーで30年以上、開発という仕事をやってきて、いろいろな製品の開発を手がけてきました。振り返ると、いつも目の前のことに囚われるような仕事のやり方で、そのために後戻りをすることも多く、結果、常に忙しいという悪循環で効率が悪かったと反省しています。

　しかし、私がオリンパス（株）を定年退職するまでの最後の6年間は、幸運にも開発現場からは少し距離をおいて、どう考えればスマートに開発ができるかを考える時間を持てました。その中で私なりに「効率的な開発とは、何が本質か？」ということがようやく少し見えてきた気がします。

　本書は問題解決の書となっていますが、残念ながらその手段を詳細に書いたものではありません。3種の神器ともいわれるQFD、TRIZ、TM（タグチメソッド）の中にある素晴らしい課題整理方法や発想法をベースに、「手法ありき」ではなく、目的に合わせて最適な方法を組み合わせていくには「どう考えれば効率的か？」をオリンパス（株）の科学的アプローチ推進者の皆さんの協力も得て目的別に整理したものです。

　一番効率の悪いやり方をしてきた私が「こうすれば効率良く問題を解決できる」といっても、誰も信じてはくれないと思いますが、「できの悪い」私だからこそ感じた「目からウロコ」のような気づきを「7つの目的別ソリューション」としてオリンパス（株）の開発者に大小1000件以上の事例で使ってもらい、試行錯誤をしながらまとめてきたものを本書に書き留めてみることにしました。

　会社人生で一番の財産は、私を変えてくれた多くの先輩方、他企業の方との出会いです。その方々から刺激を受けて成長させてもらいました。

　その方達への感謝の気持ちも込めて、本書が少しでも皆さんの日々の仕事の参考になれば幸いです。

2017年2月

緒方　隆司

監修によせて

　オリンパス（株）では10年位前から全社で開発効率化の活動を進め、CAD／CAM／CAEなどさまざまな最新ツールを使ってきました。
　一方で、開発者自身の"考え方"は、相変わらず経験に頼ったものが多く、当時の役員から「論理に基づいた科学的な"考え方"に脱却させよ」と指示があり、2009年にわずか数人で本書の取り組みを始めることになりました。
　当初、忙しい開発者からは「こんなやり方は使えない」と散々でしたが、6年にわたり、現場の声に耳を傾けて、自前で"使える"テキストに改訂し続け、ようやく第10章で紹介するような、製品開発での実績が出つつあります。
　本書では触れていませんが、社内推進には大事なポイントが3つありました。
　①推進者は、少数でも専任とする（兼任は忙しいと逃げるので退路を断つ）
　②常に最新の社内事例をベースにし、"使える"テキストとして鮮度を保つ
　③講師には、現場で問題解決にあたった実践者が立つ
　本書は、こうしたオリンパス（株）での活動を通じて試行錯誤の末、著者の緒方氏を中心にたどり着いた、「機能」の考え方を要約したものです。
　また、現場の「手法を覚えたいのではない、困っている問題を解決したい」という声に後押しされ、開発者が頭を抱える問題を目的別に大きく7つに分類し、解決方法を整理してきました（「7つの目的別ソリューション[*1]」）。
　これらの開発者の"困った！"は、シンポジウムなどを通じて、どの企業でも共通だとわかり、今回、少しでも参考になればと、出版させていただくことになったものです。皆さんの役に立つことを願うとともに、我々自身も発展途上にありますので、ぜひ本書に対するご意見をいただけると幸いです。

2017年2月

　　　　　　　　　　　オリンパス株式会社　ECM[*2]推進部　部長　面田　学

＊1　「7つの目的別ソリューション®」はオリンパス（株）の登録商標です
＊2　ECM：Engineering Chain Management

目次

はじめに ………………………………………………………………………… i
監修によせて …………………………………………………………………… ii

第1章　「機能」を把握する ……………………………………… 1
1.1　機能で考えることのメリット ………………………………… 1
1.2　機能の表し方 …………………………………………………… 4
1.3　空間的機能分析と時間的機能分析 …………………………… 7

第2章　科学的アプローチと機能 ………………………………… 15
2.1　開発の流れに合ったQFD、TRIZ、TM（タグチメソッド） …… 15
2.2　機能で繋がるQFD、TRIZ、TM ………………………………… 21
2.3　機能を中心にしたSNマトリックス …………………………… 25
2.4　TRIZの願望型発想法と撲滅型発想法 ………………………… 30
2.5　QFD、TRIZ、TMから目的別ソリューションへ ……………… 34

第3章　テーマ探索ソリューション ……………………………… 41
3.1　ニーズとシーズの見える化と顕在化ステップ ……………… 41
3.2　ニーズもシーズもまったく掴めていない場合の探索 ……… 43
3.3　ニーズもシーズもある程度掴めている場合の探索 ………… 54

第4章　課題設定ソリューション ………………………………… 59
4.1　課題設定のステップ …………………………………………… 59
4.2　取り組み範囲の決定 …………………………………………… 61
4.3　優先度の決定 …………………………………………………… 70

第5章　早期原因究明ソリューション …………………………… 79
5.1　原因分析の基本的な考え方 …………………………………… 79
5.2　原因分析ロジック・ツリー …………………………………… 85

5.3	推定原因の検証	89
5.4	根本原因の特定	96

第6章　コストダウンソリューション　99

6.1	コストダウンの基本的なアプローチ	99
6.2	製品のコストダウン	103
6.3	工程のコストダウン	106
6.4	コスト改善策の検討方法	110

第7章　強い特許ソリューション　115

7.1	強い特許を出すための基本的な考え方	115
7.2	網羅性の高い特許網の構築	117
7.3	豊富なアイデアによる請求範囲の拡大	120
7.4	強力な他社特許の回避	125

第8章　実験評価効率化ソリューション　131

8.1	実験評価効率化の基本的な考え方	131
8.2	データから母集団を把握する	139
8.3	データから要因効果を予測する	144

第9章　リスク回避ソリューション　155

9.1	リスクの基本的な考え方	155
9.2	安全リスクの分析・評価	162
9.3	品質リスクの分析・評価	170

第10章　実際の製品開発への適用事例　179

10.1	デジカメ新製品での適用事例	179
10.2	7つの目的別ソリューションの適用概要	182

あとがき、謝辞　184

索引　185

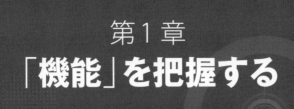
第1章 「機能」を把握する

皆さん、開発現場で上司から
「ものごとをもっとシンプルに考えろ！」
「顧客のことをもっと考えろ！」
「製品やシステムを使う目的をもっと考えろ！」
「もっとシステマティックに、網羅的に考えよ！」
……と耳にタコができるくらいいわれていませんか？
このすべてを満足する言葉が本書でのキーワード「機能」です。
機能なんて知っているさ、なんで今さら……、と思う人も多いでしょう。でも、私がいた会社では開発者によって、その捉え方はさまざまでした。
第1章では本書の根幹を成している機能という言葉について、湯沸かしポットでの事例を交えながら、皆さんに共通の明確なイメージを持っていただきたいと思います。

1.1　機能で表すことのメリット

「機能」とは何でしょうか？　自動車の機能を挙げてみてください。走行性能、加速性能、制動性能等を機能として挙げたとしたら、それは間違いです。「〇〇性能」というのは品質特性といい、機能の程度を示す言葉ですが機能ではありません。機能とはシステムの働きを記述したもので、車だったら、走る、曲がる、止まる、といったものです。
　もう少し正確に書くと、S（主体）が　O（対象物）に働きかける（V）のS＋V＋

Oの形で表現されます。英語の文法で習った「S（主語）＋V（動詞）＋O（目的語）」の形と同じです。

　本書が機能にこだわる理由は、開発者である皆さんが機能を把握することで、**図表1-1**に示すように、以下の3つのご利益を得ていただきたいと考えているからです。

①複雑な問題もシンプルに捉えることができる

　皆さんが直面するさまざまな問題事象は、一見どこから手をつけていったらよいかわからなくなる複雑な場合が多いと思います。そのときに**機能の視点で見てください。複雑に**見えている問題も枝葉が取り除かれて、どの機能に問題があるのか見えてきます。

②システムの目的、顧客の期待を把握できる

　システムの働きを考えることは、システムが存在する目的を考えるのと同じです。目的を考えることは、その先にあるシステムを使う顧客の機能への期待も把握することになります。

③多面的に網羅的に漏れのない検討ができる

　もう一つ機能で考えることの重要な点は、**問題の全体像を体系的に網羅的に捉えることができることです**。これは、機能をシステムの部品構成表やプロセスの工程表といった図面をベースに機能ツリーで展開するためです。

　機能には空間的な視点と時間的な視点を入れることもできます。例えば、湯沸かしポットでは、湯沸かしポットの部品構成表から、加熱部保温部、貯水部位、……といったサブ・システムの下に構成される部品、材料に至るまでの機能展開をすることができます。これを「空間的機能分析」といいます。また、湯沸かしポットを顧客が使用する手順や、湯沸かしポットを組み立てる工程順に時間ごとの機能の分析を行うことができます。これを「時間的機能分析」といいます。**空間と時間の視点を持っていると、原因分析やリスク分析などでも漏れのない分析ができるようになります**。詳細については後述します。

図表1-1　機能で考えるメリット

① 問題をシンプルにできる

　機能の視点で見る

機能要素Sが対象物Oに対してVの働きをする

② システムの存在目的、顧客の期待を理解できる

　システムの役割、対象が明確になると、システムを使う顧客の期待も明確にできる

③ 多面的、網羅的に検討できる

　空間と時間の機能的視点からの漏れのない検討が可能

ポイント

- 機能とはS（主体）がO（対象物）に働きかける（V）のS＋V＋Oの形で表現される。
- 機能の視点で見ると、複雑に見えている問題も枝葉が取り除かれて、どの機能に問題があるのか見えてくる。
- システムの「働き」を考えることでシステムが存在する「目的」を考えることになり、顧客の機能への期待も把握できる。
- 部品構成表やプロセスの工程表等の「図面」をベースにしてツリー構造で機能を表現すると、空間と時間の視点で網羅的な検討ができる。

> **参考**　**VEでの機能の定義**
>
> 　多くの企業でコストダウンの技法として使われているVE（Value Engineering）では、製品やサービスの「価値」を、それが果たすべき機能とそのためにかける「コスト」との関係で把握しています。
> 　公益社団法人　日本バリュー・エンジニアリング協会発行「VE基本テキスト（1）」の中では、「機能はそのものが持っている目的や働きである。それは、例えば電線は"電流を伝える"ものであり、ネジは"部品を固定する"働きを果たしているといったように、名詞と動詞の2語で、簡潔に表現できる」と記載されています。
> 　すなわち、「V＋O」という形式で、本書の定義のように主語のSまでは含まれていません。本書で主語Sまで含めているのは部品構成表や工程表から機能を導きやすくすることと、主語による機能の違いも明確にするための便宜上の理由です。
> 　機能が意味するところに違いはないとご理解ください。

1.2　機能の表し方

　機能はネットワークのように部品やユニットを複数の働きで繋いだ「連関図」やシステムの上位からツリー構造で表した「機能系統図」で表します。本書では**部品構成表や工程表といった生産図面からの作成が容易なうえ、メインシステム→ユニット→部品といった上位システムから技術者の思考に合わせて分析ができる機能系統図を薦めています。**

　図表1-2に湯沸かしポットの一部の機能系統図を示します。湯沸かしポット全体の機能は「湯沸かしポットは水を沸かす」で、それを目的として「フタは本体を開閉する」手段と「本体はお湯を保温する」手段が繋がります。図にはありませんが「ステンレス槽を加熱する」ヒーター部もあります。このように機能系統図は、**目的と手段の連鎖構造をしています。**

図表1-2　湯沸かしポットの機能系統図

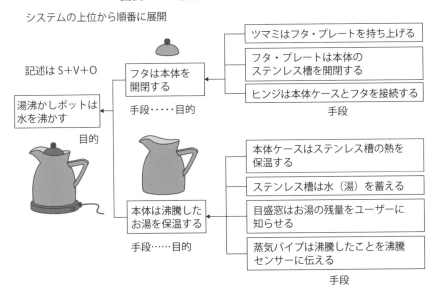

　機能系統図はツリー構造をそのまま書いてもよいですが、**図表1-3**で示すような部品構成表と連動させて、階層構造を表現した**図表1-4**に示すような「エクセル表形式の機能系統図」が便利です。

　図表1-3の部品構成表は、一般に階層構造で書かれているので、図のようにシステムの上位層から、階層構造を番号で記載しながら、書くことができます。第1階層のユニットやサブ・システムは1、2、3……と名前をつけると、第1階層の1番のユニットにぶら下がる第2階層の部品は、頭に1番をつけて、11、12、13……と表されます。階層ごとに色分けをすると見やすくなります。

　次に、部品構成表から、図表1-4に示すような機能系統図を作成します。部品構成表で記載したユニットや部品の階層構造をそのまま使って、そのユニット名や部品名を主語(S)にして、働き(V)と対象物または目的語(O)を記載していきます。この表は図表1-2のようなツリー構造を書いたのと同じことになります。

図表 1-3 部品構成表（エクセル表形式）

湯沸かしポットの事例

ユニット 2 の下にぶらさがる部品は 21、22、…

さらに 21 の部品の下にぶら下がる部品は 211、212、・・と表現する

上位層から下位層へ展開していく →

システム名	n	第1階層（サブシステム）	nn	第2階層（サブシステム）
湯沸かしポット	1	フタ		
			11	ツマミ
			12	フタ・プレート
			13	ヒンジ
	2	本体		
			21	本体ケース
			22	ステンレス槽
			23	目盛窓
			24	蒸気パイプ
			25	取っ手
			26	注ぎ口

図表 1-4 エクセル表形式の機能系統図

階層番号（nn…を記載）		主機能の程度Ｖの副詞（仕様、状態）	主機能（主語S＋動詞V＋目的語O）	
			主語（S）は	Oに（を）Vする
1		スムーズに	フタは	本体を開閉する
	11	安定に	ツマミは	フタ・プレートを持ち上げる
	12	蒸気圧○○に耐えられるように	フタ・プレートは	本体のステンレス槽を開閉する
	13	開閉動作ができるように	ヒンジは	本体ケースと蓋を接続する
2		安定に	本体は	沸騰したお湯を保温する
	21	安定に	本体ケースは	ステンレス槽を加熱する保持する
	22	2リットルまで	ステンレス槽は	水（湯）を蓄える
	23	0.1リットルの精度で	目盛窓は	お湯の残量をユーザに知らせる
	24	○○℃/hの断熱性能で	断熱材は	ステンレス槽の熱を保温する
	25	1秒以内に	蒸気パイプは	沸騰したことを沸騰センサーに伝える
	26	安定に	取っ手は	本体ケースを保持する
	27	安定に	注ぎ口は	沸騰したお湯を注ぐ

また、「エクセル表形式の機能系統図」では、機能を修飾する言葉を「機能の程度」の欄に分けて記載しています。例えばVの「保温する」の程度を表す「安定に」を分けています。機能の程度を明確に分けたのは、仕様（スペック）の検討や顧客ニーズの分析、競合他社との比較を容易にするためです。

> **ポイント**
>
> ◆ 機能系統図は部品構成表や工程表といった生産図面からの作成が容易な上、上位システムから技術者の思考に合わせて分析ができる。
> ◆ 機能系統図は部品構成表から階層構造を引き継いで、「エクセル表形式の機能系統図」で表現でき、「機能の程度」を明確に分けることで、仕様（スペック）の検討や顧客ニーズの分析、競合他社との比較を容易にできる。

1.3　空間的機能分析と時間的機能分析

　先に述べたように機能には空間的な視点での空間的機能分析と時間的な視点での時間的機能分析があります。**空間と時間は分析対象のシステムや問題解決の目的により使い分けします。**

　例えば、湯沸かしポットでの空間的機能分析と時間的機能分析のイメージは**図表1-5**のようになります。

　上側の空間的機能分析ではシステムの空間的な構成（部品構成表）を元に機能を展開していくので、例えば顧客要求を確認する場合は、機能ごとの要求性能レベルの確認になります。一方、下側の時間的機能分析では顧客が湯沸かしポットに水を入れてから沸騰させてコーヒーを入れるプロセスを機能で表して、機能ごとの操作レベルについての確認になります。

図表1-5　空間的機能分析と時間的機能分析のイメージ

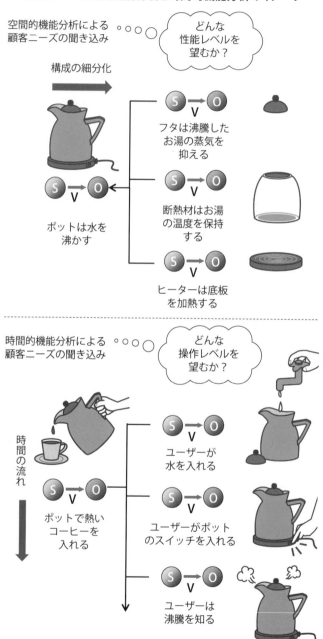

このように、**部品構成表を元に空間的機能分析を行い、ツリー構造で表したものを「空間的機能系統図」、工程表を元に時間的機能分析を行い、ツリー構造で表したものを「時間的機能系統図」**といいます。

図表1-6に示すように空間的機能系統図と時間的機能系統図は両方ともS＋V＋Oの階層構造となるのは同じですが、**時間的機能系統図では上から下に時間の流れがあるのが特徴です。**

すなわち、時間的機能系統図では、縦に並んだ階層は同じレベルの階層ですが、上から下へ時間の流れがあり、上に書かれている、メイン工程から下に作業が流れていきます。

時間的機能系統図は工程表から機能系統図を作ります。空間の部品構成表と同様に工程表も階層構造で書くことができます。

例えば、**図表1-7**は湯沸かしポットを使ってコーヒーを入れる工程で、これを元に作成した時間的機能系統図は**図表1-8**に示すようなります。

時間的機能系統図では、主語に必ずしも工程名が入るとは限りません。例えば「フタ開き工程」では「フタ開き工程（S）は……」という表現だけでなく、分析の

図表1-6　空間的機能系統図と時間的機能系統図

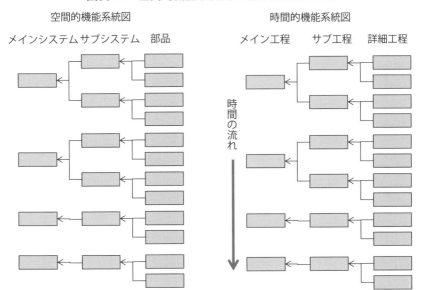

図表1-7　湯沸かしポットの使用工程例

工程名	n	第1階層 （メインプロセス）	nn	第2階層 （サブプロセス）	nnn	第3階層 （詳細プロセス）
湯沸かしポット 使用工程	1	水入れ工程				
			11	フタ開き工程		
					111	フタのロックを外す
					112	ヒンジがフタを停止
			12	水入れ工程		
					121	ポットを蛇口の下に移動
					122	蛇口から水を入れる
					123	ステンレス槽目盛で水停止
			13	フタ閉じ工程		
					131	フタを持ち上げて移動
					132	フタをロック

図表1-8　湯沸かしポットの時間的機能分析例（操作、作業）

階層番号 （nn…を記載）			主機能の程度 Vの副詞 （仕様、状態）	主機能（主語S＋動詞V＋目的語O）	
				主語(S)は	Oに（を）Vする
1				ユーザーは	ポットのステンレス槽に水を蓄える
	11			ユーザーは	ポットのフタを開く
		111		ユーザーは	フタのロックを外してフタを開く
		112	ヒンジ停止位置まで	ユーザーは	ポットのフタを開く
	12			ユーザーは	ポットに水を入れる
		121		ユーザーは	ポットを蛇口の下まで移動する
		122		ユーザーは	蛇口を開いてステンレス槽に水を入れる
		123	ステンレス槽の目盛を頼りに	ユーザーは	水入れを停止する
	13			ユーザーは	ポットのフタを閉じる
		131	ヒンジのロック位置まで	ユーザーは	フタを閉じる
		132	フタのロック機構が働くまで	ユーザーは	フタを押し込みロックする

目的により、作業をしているユーザーが主語になる場合もあれば、工程に含まれる設備や部品が主語になることもあります。

また、時間的機能系統図は、操作手順だけでなく、湯沸かしポットの製造での組立工程でも使うことができます。

以上のように、分析の対象や目的により、空間的機能系統図を使うか、時間的機能系統図を使うかを決めますが、空間と時間を混合して使うやり方もあります。例えば、空間的なシステム構成の中に、シーケンス制御のような時間的な動きをするものや、時間的なプロセスの中で、構成の複雑な治具や設備があって、空間的な機能を把握したい場合は必要に応じて、エクセルのシートを分けて空間的機能系統図や時間的機能系統図を使います。

> **ポイント**
> - 空間的機能分析と時間的機能分析は目的により使い分ける。
> - 部品構成表を元に機能をツリー構造で書いたものを空間的機能系統図、工程表を元に機能をツリー構造で書いたものを時間的機能系統図という。
> - 時間的機能系統図は上から下へ時間の流れがある。
> - 時間的機能系統図は操作の作業手順や工場の組立工程等の時間的な流れや手順のあるシステムに適用できる。

参考 **ソフトウェアでの機能の表し方**

　物のように形が見えないソフトウェアでは、エネルギーで機能を考えにくいので、**図表1-9**に示すように働き（V）を「データを処理する」と考えるとよいでしょう。そうすると、主語（S）に相当するものはデータを入力する人やシステムで、対象（O）はデータを出力される相手の人やシステムとなります。

　ソフトウェアの機能でやり取りされるものは「データ」ということになりますので、働き（V）のデータの処理は、情報の伝送、蓄積、変換、拡散などと考えるよいでしょう。この場合の「機能の程度」はデータ処理の状態を表す表現となり、例えば、データの速度（転送速度）、精度、乱れ（ランダム性）、精度、伝送方式などに関する状態表現となります。

図表1-9　ソフトウェアの機能

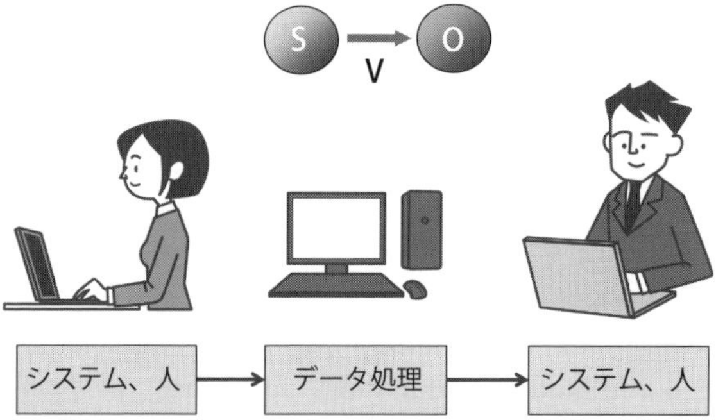

S、Oになるシステム：オペレーター、データ処理システムの構成体（演算処理部、メモリー部、伝送部など）

Vに相当する処理：情報の伝送、蓄積、変換、拡散

Vの程度（状態）表現：
データの速度（転送速度）、乱れ（ランダム性）、伝送方式などを表す状態表現

Column

機能で頭もスッキリ、課題もハッキリ

　オリンパス（株）では、「どうやってテーマに取り組むのが良いのか？」という相談が多く、そんなときに機能に着目した「機能分析」は頭の中をツリー構造で整理できますので、非常に役に立っています。

　例えば、医療機器の操作性改善といった課題で、製品や図面を見ながら、詳細に検討をするエンジニアは大勢いますが、意外と見落しやすいのが、「顧客がどのように使うか？」です。

　そんなときに私たちがよくアドバイスするのが、「時系列に作業を分析してみては？」ということです。ユーザーであるドクターや看護師がシステムをどのように準備し、患者さんに治療し、洗浄して片付けるのかをステップごとに整理してもらいます。そこでは主語が何になるのか、誰になるのかも重要です。このような時間的な機能分析やってみると、システムの部位によっては、場面ごとに違う機能が要求されたりすることが、新たにわかったりします。こういった「気づき」を含めて、「頭の中を整理して、課題がよく見えるようになった！」というエンジニアは多いのです。

　機能でシンプルに目的を考え、空間と時間の両面からモノを見るだけで、頭の中は大分スッキリするようです。

参考文献

(1)「VE基本テキスト」公益社団法人日本バリューエンジニアリング協会、1997年5月10日（第10版）

第2章
科学的アプローチと機能

　「開発効率を上げろ！」とは、どこの会社でもいわれていることですが、ITツールや設備を導入しただけでは、なかなか改善しません。むしろ、開発者が目標設定を間違えたり、結果の判断を間違えたりして、開発の進め方を誤れば、大きな後戻りをすることになってしまう影響の方が大きいと思います。

　それでは、どうやって、方向や判断を誤らないように開発を進めるか？　それは人に依存する勘、コツ、経験による進め方ではなく、合理的、論理的必然的なプロセスに変えていくこと、そして多くの技術者、マネージャーが「共通言語」で状態を共有できることではないでしょうか？

　ここで大きく貢献できるのが、「科学的アプローチ」です。

　第2章では、科学的アプローチに使う基本的な手法と機能の関係についてお話ししたいと思います。

2.1　開発の流れに合ったQFD、TRIZ、TM（タグチメソッド）

　本書では、開発効率を上げるための「科学的アプローチ」の代表的な手法として世界的にもよく知られているQFD、TRIZ、TM（Taguchi Method）をベースとしています。

　すでに多くの企業でこれらの手法を使っていると思いますが、日本では、各手法で専門家の集まっている推進団体がある関係もあって、手法をバラバラに使っている企業が多いと思います。しかし、近年はこれらの手法を繋いで体系的に捉えようとする動きが、各推進団体にも見られますし、それを企業で実践していく

ことを教えてくれる（株）アイデア*¹のようなコンサルタント会社もあります。オリンパス（株）も（株）アイデアの支援を受けました。

本章では、簡易的に3手法とはどんなもので、どのように繋がるかを解説します。3手法については個別に多くの専門書が出版されていますので、詳細については専門書をご覧ください。

（1）開発プロセスに合致した3手法

QFD、TRIZ、TMは、開発の大きな流れである「目標設定」→「コンセプト設計」→「信頼性設計」に沿った科学的手法として有名です。

QFDは開発の入口で、技術課題の優先順位を顧客の声、競合他社の状況を元にして決めます。TRIZは優先技術課題の具体的な技術問題を一般化し、分析して問題を解決するアイデアを出します。TMはコンセプト案を製品化する上での設計パラメータについて、顧客の要求する基本機能に着目して信頼性を考慮した最適解を求めます。

（2）QFDとは

QFDとは、Quality Function Deploymentの頭文字を取った略称で品質機能展開のことです。QFDは1970年代の後半、赤尾洋二、水野滋の両博士により考え方が提案されたことが最初です。その後、世界的にQFDという名で活用され、近年では欧米だけでなく韓国、台湾等でも使われています。

この品質機能展開は、JIS Q 9025：2003としてJIS化されていて、そこには、「製品に対する品質目標を実現するために、さまざまな変換及び展開を用いる方法論で、品質展開、技術展開、コスト展開、信頼性展開及び業務機能展開の総称。品質展開と業務機能展開の総称」と書かれています。ここで、QFDのこれら展開のコ

---

*1：株式会社アイデア ［http://www.idea-triz.com/］
TRIZ（発明的問題解決理論）を核とする体系的開発手法の導入・活用コンサルティングとイノベーション支援ソフトウェアGoldfire*²の提供を通じて、クライアント企業の数百件に及ぶ製品開発プロジェクト、技術開発プロジェクトを支援している会社（筆者はオリンパスを定年退職後、現在（株）アイデアに所属している）。
*2：Goldfire
IHS社が提供するイノベーション支援ソフト。技術情報の優れた検索エンジンとTRIZに関連したツールを合わせたソフトウェア。

アになるのが、「2元表」といわれるものです。

　図表2-1に自動車を例にした簡易的な2元表の例を示します。実際にはさまざまな形式の2元表がありますが、ここでは説明のために2元表のコアになる部分のみ簡単に表現しています。

　QFDでは2元表の左側を「要求品質」といい、顧客の声を反映した要求項目を記載します。自動車の例では「スピードを出したい」「機敏に動かしたい」「すぐに止めたい」といった内容です。この要求項目に対して縦の列に自動車の仕様（品質特性）をマトリックスで配置して、要求との関連の強さを◎や○、△などの記号で表します。そして2元表の右側を「企画品質」といい、各要求項目についての優先度を決める部分です。ここでは、従来の製品が顧客要求を満たしているか否か、競合他社は顧客要求を満たしているか否かなどで優先度を総合的に判断します。簡単には、ある要求項目について、従来製品で要求を満たせず、競合他社にも負けていた場合に、その要求項目を「レベルアップ要求項目」としてマークし、次の技術開発の目玉にします。

　レベルアップ要求項目は、今までの製品が顧客の要求レベルを満たせず、競合他社にも後れをとっている要求項目ですから、次の製品では優先課題として、この要求を実現するための技術課題を解決すべく、製品開発を行うことになる訳で

図表2-1　QFDの2元表作成例（自動車の例）

QFD（**Q**uality **F**unction **D**eployment、品質機能展開）

顧客要求と品質特性との関係を求め、要求の強さ、競合他社の状況から製品の技術課題の優先度を決めていく手法

《自動車の課題設定事例》

[要求品質] 顧客要求 ▼	[品質特性] 車の仕様				[企画品質] 優先度		
	最高速度	発進加速	制動距離	騒音	要求程度	他社程度	優先度
スピードを出したい	◎	○		○	◎	◎	◎
機敏に動かしたい		◎	○				
すぐに止めたい			◎	○			

す。**QFDはこのように、商品開発の企画や初期段階で用いることで、優先技術課題を顧客の要求、競合他社の状況と照らし合わせながら合理的に決めていく手法**といえます。

　QFDについては、図表2-1に示したような形に限らず、目的や対象システムによってさまざまな形があります。多くはニーズと技術を関連付けるマトリックスの形が多いのですが、技術シーズをベースにした「シーズ・ドリブン型QFD」といった形もあります。

（3）TRIZとは

　TRIZは、旧ソ連海軍の特許審査官であったゲンリッヒ・アルトシュラー（Genrikh AltShuller：1926～1998）がさまざまな特許を調べるうちに一連の法則を発見し、これらの法則を技術問題の解決に役立てようと、実践的な方法論としてその基礎を築いた理論です。彼とその同僚たちが当初約40万件、のちに20数年間費やして250万件ともいわれる膨大な特許をもとに、体系的で構造化された思考方法の理論を構築したものです。[1]

　TRIZという言葉はロシア語（英語の表記）で、Teoriya（テオーリア、Theory）Resniea（リシェーニア、Solving）、Izobretatelskikh（イザブレタチェルスキフ、Inventive）、Zadatch（サダーチ、Problem）の略で、英語ではTheory of Inventive Problem Solvingで「発明的問題解決理論」という意味です。

　TRIZが科学的手法といえるのは、従来の経験と知識から行う発想法と大きく異なり、アイデアを得る手がかりを過去の膨大な特許、すなわち知恵の集約に求めたことです。多数の優れた特許には問題解決の一定のパターンがあり、これを「発明原理」といい、この発明原理に従った発想で問題を解決します。

　例えば**図表2-2**に示すように自動車のタイヤは濡れた路面を走るときの最適設計の問題について考えます。開発者はタイヤを路面で滑らないようにするためにタイヤの溝を深くしたいと考えます。しかし、溝を深くするとタイヤの路面ノイズも増大します。このような矛盾問題をTRIZではできるだけシンプルに定義します。例えばグリップ性を改善すると悪化するのは、静粛性といった具合です。この定義に基づき、膨大な特許から導かれた発明原理を使うと、例えば「熱膨張原理」を使うと良いとヒントが出されます。そこで開発者は、タイヤのゴム材料を

図表 2-2 　TRIZを自動車のタイヤの問題解決に使う例

TRIZ（発明的問題解決理論）

問題を単純な矛盾関係に一般化し、250万件以上の特許を基にした発明原理を使って解決策を効率的に発想する手法

《自動車のタイヤの滑り問題》
・タイヤの溝を深くするとグリップ性は上がるが、騒音が増加
・この矛盾を定義すると、発明原理が示され、解決策を発想

調合して、温度で溝の深さが変化するような構造のアイデアを出します。雨や雪の天候と、晴天時とで溝の深さを変化させることで、タイヤのグリップ性と静粛性の矛盾問題を解決するようなアイデアです。

このようにTRIZでは問題をシンプルに定義して、発明原理を適用することで、短時間で多くのアイデアを出すことができます。

（4）TM（Taguchi Method）とは

品質工学は考案者の田口玄一氏の名を冠して「タグチメソッド」とも呼ばれます（以下TM）。**TMは不具合の事象に代表されるような品質特性に目を奪われずに、システムの本来の機能を理想状態として決め、機能に影響を与えるノイズに対してどの程度理想から乖離するかを評価することで、システムの品質を高めていくアプローチになります。**

TMについて**図表2-3**に示すような自動車のブレーキの鳴き問題[(2)]を例に説明します。あるとき、あなたが顧客からブレーキの鳴きがうるさいとのクレームを受けました。あなただったら、どのような行動をとりますか？

一般的には、ブレーキの鳴きの原因を調べるために、鳴きの音の周波数成分を

調べ、鳴きの源である摺動部分やメカ部品の振動を調べ、原因の対策を打つ検討をするでしょう。

しかし、品質工学的なアプローチは、品質特性を直接見ません。このブレーキシステムの基本機能に着目します。

顧客が望む理想状態の働きとは、「ブレーキを踏んだら車が確実に止まる」ことです。すなわち、ブレーキペダルを踏む力学的エネルギーが伝播して、制動力のエネルギーとして車輪を止めることです。この基本機能が理想的に働く条件を検討していきます。

最も理想的な働きの状態とは、ペダルに加えたエネルギーが100%、制動力として使われることです。100％制動力として使われれば、結果として鳴きのような音、振動、発熱になるエネルギーは発生しません。しかも、品質工学ではこの理想状態を、気温や湿度の変化など、設計者がコントロールできないようなノイズに対して安定に発揮できる条件を求めます。この理想状態を目指して、あらゆる使用環境で最適な条件を求め、「理想からの離れ具合」を評価していくのが、TMです。この考え方は、本事例で紹介するパラメータ設計以外にも、拡張されており、MTシステムやオンライン品質工学として知られています。詳細については専門書をご覧ください。

図表2-3　自動車ブレーキの鳴き問題への品質工学のアプローチ

TM　Taguchi Method（タグチメソッド、品質工学）

理想状態にノイズがどの程度影響しているかを評価する方法

《車のブレーキの鳴きを改善する事例》

踏んだら止まる理想状態を高めると、自ずと鳴きは小さくなる。

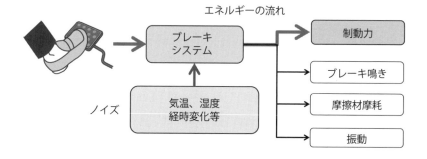

> **ポイント**
>
> - QFD、TRIZ、TMに代表される「科学的手法」は技術者の勘、コツ、経験によらずに合理的、論理的必然的な開発プロセスに変え、見える化も進むので、多くの技術者、マネージャーが「共通言語」で状態を共有できるようになる。
> - QFD、TRIZ、TMは、開発の大きな流れである「目標設定」→「コンセプト設計」→「信頼性設計」に沿っており連携できる。
> - QFDは商品開発の初期段階で用いることで、顧客の要求、競合他社の状況と照らし合わせながら技術課題の優先度を合理的に決めていく手法である。
> - TRIZは問題をシンプルに定義して、過去の膨大な特許より導かれた発明原理を適用して問題を解決するアイデアを出す。
> - TMは不具合の品質特性に目を奪われずに、システムが本来の働きを理想状態として決めて、ノイズに対してどの程度理想状態から乖離するかを評価する。

2.2 機能で繋がるQFD、TRIZ、TM

(1) QFDと機能の関係

QFDで扱うニーズとシーズ、品質特性の関係を**図表2-4**に示します。

ここで**顧客ニーズとは機能と機能の達成度合い（品質特性）を加えたもの**です。湯沸かしポットでは、その機能は「水を沸かす」であり、その程度「1分で」というのが顧客要求ニーズとなります。一方、**技術のシーズというのは機能を実現する手段**です。水を加熱する機能を実現する手段はヒーターや高周波加熱装置等があります。この手段を選択して設計するのが開発者の役割ということになります。

このように、**ニーズとシーズを紐づけるものは機能である**ことを覚えておきま

図表2-4 ニーズとシーズを繋ぐのは機能

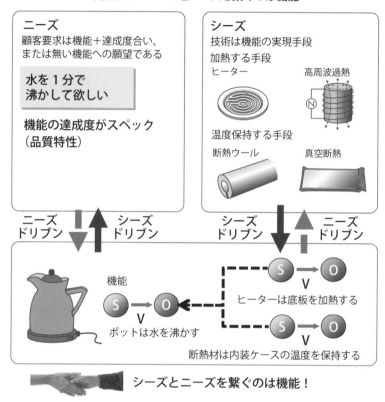

しょう。この考え方は後述の問題解決のソリューションで多く使います。

　QFDでは、2元表から技術展開を行うことで品質特性と機能の関係を整理してボトルネック技術を抽出します。**顧客ニーズを基に機能との関係を求めるものを「ニーズ・ドリブン型QFD」といいます。これに対して、システムの機能を明確にしてから、ニーズとの関連を探る、「シーズ・ドリブン型QFD」もあります。**この後で詳しく説明します。

（2）TRIZと機能の関係

　TRIZで発想以外のもう1つの大きな特徴は、**問題を分析して一般化することで問題を定義している所**になります。**図表2-5**はTRIZの問題解決の概念を示したも

のです。複雑なシステムで起きた問題を扱うには、まずは問題を単純化して、一般化し矛盾問題を定義します。これを基に発明原理から一般解を得て、現場での問題に適用します。TRIZの専門家は一般化に「物質－場モデル」を使いますが、一般の技術者に物質－場モデルは馴染みにくいと思いますので、本書ではS＋V＋Oで表現される機能で表します。

図表2-5　TRIZの一般化と機能

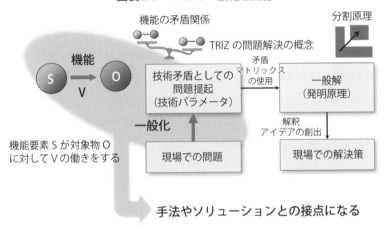

手法やソリューションとの接点になる

> **参考　TRIZの物質－場モデル**
>
> TRIZでは、問題の一般化に物質－場モデルを使います。その基本的な図式は**図表2-6**のように表されます。
> これは「場Fによって、物質S2が物質S1に作用を及ぼしている」と解釈します。物質－場モデルにおける「場」は相互作用のさまざまな現れ方、すなわち、力、相互作用、空間における場、エネルギーなどを意味します。機能の図式S＋V＋Oとは場の概念が加わっている点、作用にも有用なものと有害なものを明記できるようになっている点が異なります。
> 物質－場モデルの狙いは、複雑なシステムを物質と場のエッセンスで表現することで、シンプルにシステムを一般化して捉えることと、有害な作用も明記することで、矛盾関係にある事象を定義しやすくしている点です。
> 本書では機能の図式S＋V＋Oを用いてシステムを部品構成などから直接ツリー構造で一般化できること、有害作用についても機能の強化で出てくる副作用を、矛盾問題を定義する時の参考にすることなどで、「物質－場モデル」を代用できると考えています。

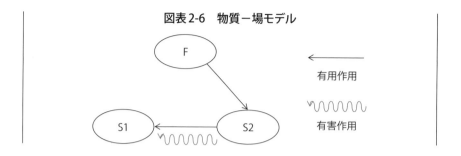

図表 2-6　物質－場モデル

（3）TMと機能の関係

　TMは「**理想からの離れ具合**」を評価します。この理想状態の働きをTMでは「**基本機能**」といいます。基本機能は本書の機能の定義Ｓ＋Ｖ＋Ｏとは異なり、**図表2-7**のようにエネルギー変換で定義します。TMの基本機能は顧客が最も欲しがっている機能であり、本書の機能表現のＳ＋Ｖ＋ＯのＶ（働き）の理想的な状態を表したものになります。

　この例では湯沸かしポットの基本機能は、「沸かす」ということで、沸かすことの理想的な状態とは入力を電気エネルギー、出力を熱エネルギーとすると、入力に比例して出力も増大することを意味します。もし、湯沸かしポットの中で、熱

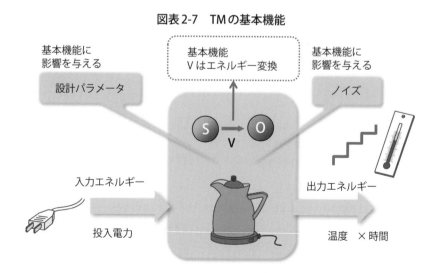

図表 2-7　TMの基本機能

の漏れなどのロスがあると、入力（電力）に比例した出力（発熱エネルギー）は得られないということになります。

TMでは、機能の理想状態を定義するために、システムの働きの基になっている、エネルギーを見ることで、品質特性に惑わされないようにしています。

以上、説明してきたように、コア手法である、QFD、TRIZ、TMは機能と関連性が深いことがわかりました。

したがって、コア3手法による科学的アプローチは機能を基にすれば、繋がりやすくなることがわかります。

> **ポイント**
> - QFDでニーズは機能に「機能の達成レベル」を加えたもの。技術シーズは機能を実現する手段。ニーズとシーズは機能で繋がる。
> - TRIZの特徴は発想だけでなく、問題を機能で一般化することで問題を定義してから、発明原理を使っている。
> - TMは、システムで顧客が要求する理想的な機能を定義して、エネルギー変換で表す。最適設計のために、理想からの離れ度合いを評価する。

2.3　機能を中心にしたSNマトリックス

QFDで説明したように顧客ニーズとシーズは機能で繋がります。そこで、より機能に着目してシーズからダイレクトに顧客ニーズとの接点を探してみましょう。そこで有効なのが「Seeds Needs マトリックス」[3]です。以下、「SNマトリックス」と呼びます。

（1）SNマトリックスの概要

先に紹介した2元表を使ったQFDが顧客要求を起点とした「ニーズ・ドリブン

型QFD」であるのに対して、SNマトリックスでは技術シーズを機能で表してから、ニーズとの接点を求めるもので、SNマトリックスは「シーズ・ドリブン型QFD」の1種といえます。

図表2-8にSNマトリックスの全体像を示します。**機能ごとに、顧客の声と競合他社の技術を調べてその結果を「機能の達成レベル」で比較できるように記載します。その結果、現行のシステムの機能の達成レベルが顧客要求、競合他社とも大きく乖離していた場合は、その機能に関して、優先度を上げて強化すべき機能とします。**この考え方はニーズ・ドリブン型の従来のQFDの企画品質で優先すべき顧客要求項目「レベルアップ要求項目」を決めるのと同じです。

例えば、図の湯沸かしポットでは、「ヒーター部がステンレス槽を加熱する」という機能と「100℃、2分で」という機能の達成レベルを分離することで、顧客要求が機能と機能の達成レベルを合体したものと考えると比較しやすくなります。

また、競合他社の技術も機能の達成レベルで比較することができます。他社は「100℃、1.5分」で湯沸かしできる技術を特許やカタログで公開していたとすると、その情報を入れることもできます。

SNマトリックスでは、機能の程度で比較して、明らかに要求レベルが高く、競合にも負けていると判断したら、優先項目欄に"◎"を入れて、目標値欄に

図表2-8　SNマトリックス

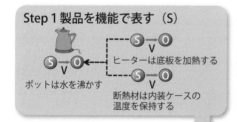

SNマトリックス

機能ツリー階層	優先項目	機能達成レベル		機能 (S+V+O)	他社技術		顧客要求
		目標	現状		レベル	内容	
	◎	100℃ 1分で	100℃ 2分で	ヒーター部はステンレス槽を加熱する	100℃ 1.5分で	□□技術特許○○	1分で沸かして欲しい
				ヒーターは…			

「100℃、1分」を設定します。すなわち、優先項目が「要求」でなく、ダイレクトに機能となっていて、その機能の達成度を目標値として設定できるので、この後の技術開発のイメージがすぐにわかります。

例えばTRIZを使って加熱機能で短時間にできる方法のアイデアを出したり、TMを使って現在のヒーター部の構造パラメータをより最適に設計したりします。

このように機能を中心としてニーズとシーズを紐づける考え方は従来からあり、「SN変換マトリックス法」[4]という方法もあります。本書のSNマトリックスは従来のマトリックス法よりも機能の定義を明確にして、機能ツリー（階層構造）を入れた点、機能に空間と時間の視点を入れた点、機能と「機能の程度」を分けることで、顧客の要求レベルや、競合他社の技術レベルを比較しやすくした点で異なり、より使いやすい形になっています。

（2）空間と時間のSNマトリックス

図表2-9に示すようにSNマトリックスの機能系統図は、システムを空間的視点で見る場合も、時間的視点で見る場合も同じ表形式で記載できます。第1章で紹

図表2-9　空間的、時間的SNマトリックスのイメージ

機能ツリー階層	優先項目	機能達成レベル		機能（S+V+O）	他社技術		顧客要求
		目標	現状		レベル	内容	
		1分で	2分で	ポットは水を沸かす	1.5分で	□□技術特許○○	1分で沸かして欲しい
	◎	○℃/分で	□℃/分で	ヒーター部は…	△△で	高周波加熱方式	A社より早く1分で沸かして欲しい
				ヒーターは…	…‥		
				ヒーター固定部は…	…‥		
				ヒーター・プレートは…			
	◎	保温能力○○で	保温能力□□で	断熱材は…	…‥	真空断熱材使用‥	○時間保温して欲しい

製品開発は"機能"にばらして考えろ

介したエクセル表形式の機能系統図が相当します。

　ニーズや他社技術を調査する場合は、部品や工程レベルの詳細な機能ごとでなくても階層の浅いユニットやサブ・プロセスレベルでも結構です。

　以上のように、**機能の階層構造に空間と時間の視点を入れたことで、ニーズ調査の範囲も広がり、目的に合わせて網羅的なニーズ調査が可能になります。**

　一方、競合他社の技術を調べる場合にも、やみくもに製品に関係する他社特許やカタログを調べるのではなく、機能ごとに調査することで、自社と同種の製品特許にはないが、異なる製品領域でその機能を実現する技術の特許も調べることができますので、技術調査も漏れのない分析が可能となります。

（3）SNマトリックスから潜在ニーズを掘り起こす

　SNマトリックスで機能と「機能達成レベル」を分け、機能達成レベルに意外性を持たせることで顧客の潜在ニーズを掘り起こすこともできます。

　例えば、**図表2-10**に示すように、湯沸かしポットは機能達成レベルが、最初は5分程度だったものが1分になって使い方が変わってきたといえます。そのために従来の保温する機能は最小限のものでよくなりました。

　それでは将来の湯沸かしポットのイメージはどうなるでしょうか？

　ユーザーの潜在ニーズはニーズ調査から生まれるのではなく、作り手側（メーカー側）からの刺激で掘り起こされるケースが最近多くなってきています。世間で大ヒットしているアップル社のiPodやiPadはユーザー・ニーズの詳細な調査からだけで生まれたものではないといわれています。顧客を「あっと」いわせるような商品を作りたければ、この機能の達成レベルに「意外性」を持たせてみましょう。

　意外性というのは、ダントツの基本機能、期待をはるかに上回る副作用の削減のようなものです。例えば、吸引力の衰えないダイソンの掃除機、これが無音だったら、もっと驚きますよね？

　湯沸かしポットも1分で沸くのは当たり前になってきていますが、これを「半分の電力で30秒で沸くポット」があったら、驚きますし、すぐにでも欲しいですよね。そのような商品は、実はTRIZを使って発想するとアイデアが出てくるかもしれません。

SNマトリックスはシーズ・ドリブン型QFDですので、従来のようにニーズから潜在ニーズを発掘するのではなく、作り手側から、感動を与える製品の「気づき」を得ることが可能になります。もちろん商品化する場合はそのような商品にニーズがあるかの検証は必要になります。

達成レベルに意外性を持たせる場合のヒントとしては、人間がこうありたいと

図表2-10　機能の達成レベルに意外性を持たせる

達成レベルに意外性を持たせて、顧客に感動を与える発想を！

達成レベルに意外性を持たせるキーワードの例

①ダントツの基本機能レベル
②期待を遥かに上回る副作用の削減
③特別な「あなた」のためだけの機能レベル
④抜群の自由度を示す機能レベル
⑤徹底的なシンプル操作を伴う機能レベル
⑥健康的に自分も成長できる機能レベル

ユーザーを幸せにする10のBeニーズ

（豊さ、尊敬、自己向上、愛情、健康、
楽しさ、個性、感動、交心、快適）から考える

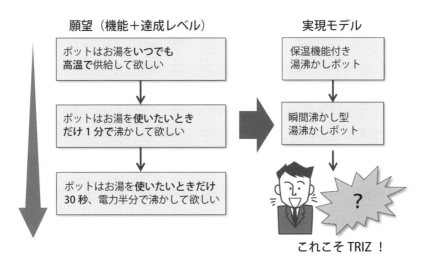

願望（機能＋達成レベル）　　　実現モデル

ポットはお湯をいつでも高温で供給して欲しい　→　保温機能付き湯沸かしポット

ポットはお湯を使いたいときだけ1分で沸かして欲しい　→　瞬間沸かし型湯沸かしポット

ポットはお湯を使いたいときだけ30秒、電力半分で沸かして欲しい　→　？

これこそTRIZ！

いう「10のBeニーズ」(豊さ、尊敬、自己向上、愛情、健康、楽しさ、個性、感動、交心、快適)[5]が参考になります。

その中から例えば図表2-10のようなキーワードをもとに顧客が感動する「機能の程度」を考えてみましょう。

> **ポイント**
> ◆ SNマトリックスは機能ごとに、顧客の声と競合他社の技術を調べて機能の達成レベルで比較して、現行システムと大きく乖離していたら、優先度を上げて強化すべき機能とする。
> ◆ SNマトリックスの機能に空間と時間の視点を入れることで、ニーズ調査の範囲も広がり、目的に合わせて網羅的なニーズ調査ができる。
> ◆ ユーザーの潜在ニーズはニーズ調査から生まれるのではなく、作り手側(メーカー側)からの刺激で掘り起こされるケースが多い。機能の達成レベルに意外性を与えることで感動を与える製品の気づきを得ることが可能になる。

2.4　TRIZの願望型発想法と撲滅型発想法

TRIZは先にも紹介したように、単なる発想法ではなく、複雑な問題を機能で一般化して矛盾問題のようにシンプルな形に定義して発明原理を使いやすくしている所が良いところです。オリンパス(株)では目的に応じて問題分析の過程からTRIZを「撲滅型発想法」と「願望型発想法」[6]に分けて使っており、その内容を紹介します。

(1) 撲滅型発想法と願望型発想法とは

問題分析で原因分析を行い、根本原因の矛盾を定義して発想する流れを撲滅型発想法、願望分析して理想的にどうしたいかを発想する方法を願望型発想法とい

います。**撲滅型発想法はシステムの不具合を潰すことを目的とし、願望型発想法はシステムへの願望を具現化することを目的としています。** この違いを**図表2-11**で示すお寿司屋さんの事例で説明します。

お寿司屋さんの悩みは「寿司を顧客に従来よりも早く提供したい」です。どんな問題解決方法があるでしょうか？

（2）不具合を潰したい撲滅型発想法

図表2-11の左側の例は寿司を早く提供するための障害となる不具合を潰す場合のアプローチで、「寿司を顧客に従来よりも早く提供することができない」こと

図表2-11　撲滅型発想法と願望型発想法の違い（寿司屋さんの例）

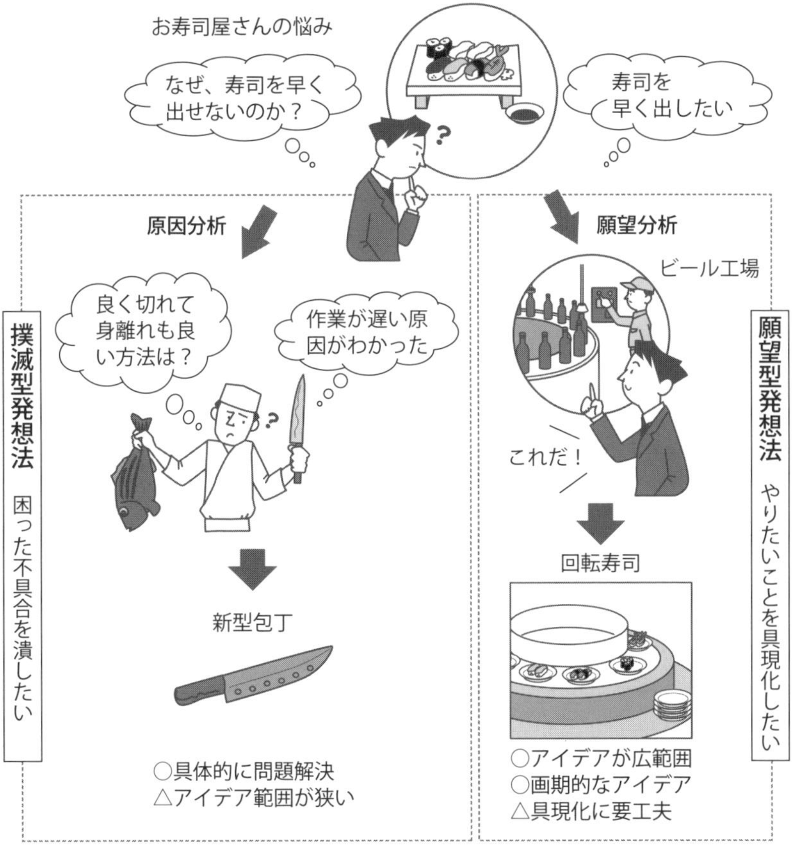

の原因をシステム（職人さんとその周辺の道具）の中へ中へと求めていきます。いわゆる「なぜなぜ分析」です。原因分析を詳細部分まで突き詰めると、根本原因が見つかります。例えば根本原因の1つとして刺身を切る時に包丁に刺身が貼り付いて作業性が悪化することがわかったとします。このケースでは、刺身をよく切れるように包丁を研げば研ぐほど、刺身と包丁が張り付きやすくなるという矛盾問題を抱えています。

　この矛盾問題を定義して解決するアイデアをTRIZで発想すると、例えば、「穴の開いた包丁」のようなアイデアが出ます。これは包丁の腹に穴を開けることで、刺身を切るときに刺身と包丁の間に空気が巻き込まれて刺身が包丁に付着しなくなるわけです。このような製品はTRIZを使ったかどうかはわかりませんが、すでに販売されていますね。

　撲滅型発想法によるアイデアは、原因分析でシステムの中へ、中へと、原因を求めたことにより、アイデアの範囲も根本原因周辺（包丁周辺）になります。しかし、そのアイデアは根本原因を見事に取り除く、正に問題を撲滅させることができるアイデアになります。

　撲滅型のアイデアの善し悪しは、当然ですが、原因分析の結果にも左右されます。正しく根本原因を導けないと、その解決策となるアイデアも満足できるものにはなりません。筆者らはその部分にも着目して、できるだけ正しく、網羅的に原因分析をやるために、機能に基づいた原因分析を行うに至りました。その方法については、第5章「早期原因究明ソリューション」で説明します。

（3）やりたいことを具現化する願望型発想法

　図表2-11の右側の例は「寿司を顧客に従来よりも早く提供したい」という願望を具現化するための別の手段を考えるアプローチです。寿司を提供するシステムを大きく捉え、それを別の手段に置き換えられないかを考えます。この場合は、偶然に板前さんがビール工場の見学に行った際に、ベルトコンベヤのビールを見て「回転寿司」を思いつきました。この板前さんは、「どうやったら、寿司を早く出せるか？」といつも悩んでいたので、ビール工場の風景に触発されて、気づきを得たわけです。

　おそらく、板前さんの頭の中では、「寿司を早く出すのにさまざまな動作（機能）

を工夫したい」と悩んでいたからこそ触発されたわけです。願望型発想法によるアイデアは、願望分析で「〇〇したい」という機能をほかの手段で置き換えられないかを考えます。したがって、**アイデアは理想的に「〇〇したい」範囲であって、撲滅型のように根本原因の周辺のシステムや部品に制限されることはありません**。時として、とんでもない画期的な発想が出たりします。

しかし、回転寿司を思いついたとしても、その時点でのアイデアの具体性は十分ではありません。そのアイデアで、本来の願望を達成するにはさらに詳細な検討が必要になります。したがってアイデアが問題を確実に潰せるかとう点では撲滅型ほど明確ではありませんが、**現状のシステムに囚われずに、思い込みを外した発想ができる可能性があります**。

撲滅型発想法は従来TRIZを習うと最初に教えてくれる原因分析による矛盾問題定義からの発想法ですが、オリンパス（株）では、画期的なアイデアを期待するR&D部隊を中心に「アイデアが小粒で想定の範囲内だ」というクレームも出ていました。そこで、**図表2-12**に示すような、研究者のヒラメキに近い発想方法ということで、生まれてきたのが願望型発想法です。

皆さんはいつも「〇〇したい。良い方法はないか？」と悩んでいると、通勤時の

図表2-12　願望型発想法はヒラメキに近い

電車の車窓の景色の何かに気づきを得て発想することがありますよね？ それに近いことをTRIZでやってみようとしたのが「願望型発想法」です。

以上のように撲滅型発想法と願望型発想法では結果が大きく異なります。双方の良いところを組み合わせて使うこともできます。

> **ポイント**
> - 撲滅型発想法はシステムの不具合を潰すことを目的とし、願望型発想法はシステムへの願望を具現化することを目的とする。
> - 撲滅型発想法では、機能系統図に従って原因分析を行い、根本原因を抽出して、矛盾問題を定義、TRIZ発明原理などを使って発想する。
> - 願望型発想法では、機能系統図に従って願望分析を行い、手段を変えたい範囲を定義して、現行のシステムにかかわらずに発想する。

2.5　QFD、TRIZ、TMから目的別ソリューションへ

皆さんが現場で直面しているさまざまな課題は、世界的に有名なQFD、TRIZ、TMといった科学的手法をもってしても、すべての課題に応えることはできません。実際には、実験や評価、統計的手法、リスク分析法など、さまざまな手法やツールを組み合わせて対処していると思います。必要なときに必要な手法やツールについて勉強して取り組んでいる方も多いでしょう。そこで、コアの3手法の優れた考え方をベースに他手法も組み合わせ、開発者が解決したい目的に応じて、最適な解決法を提供するのがオリンパス（株）で生まれた「7つの目的別ソリューション」[7]です。ここでは、その全体像を説明します。

（1）7つの目的別ソリューションの全体像

7つの目的別ソリューションを**図表2-13**に示します。7つの目的とは以下のようになります。多くが開発現場で遭遇する課題だと思います。

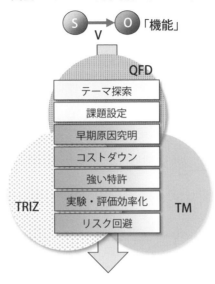

図表2-13　7つの目的別ソリューション

①テーマ探索、②課題設定、③早期原因究明、④コストダウン、⑤強い特許、⑥実験・評価効率化、⑦リスク回避

　これら目的別の技術課題は、顧客視点で優先度を決めたり、原因分析をしたり、問題解決の発想をしたり、実験をして解決をすることから、科学的にアプローチしようとすると、何らかの形でコアの3手法　QFD、TRIZ、TMと関係します。

　また、コアの3手法は機能と深い関わりがあることを先に説明しました。すなわち、**機能をベースとすることで、問題解決時の頭の整理ができることを意味しています。**従って、図表2-14に示すように7つの目的別ソリューションも3手法をベースとして機能を主軸に繋がる工夫をしてみると、機能を中心にアプローチ方法を整理できることがわかってきました。その概要について紹介します。

(2) 各ソリューションの流れ

　7つの目的別ソリューションの中でコアとなる3手法のQFD、TRIZ、TMは図表2-14に示すようなイメージで使われています。

　開発の比較的大きなテーマでは、先にも説明したようにQFD→TRIZ→TMとそれぞれの手法の中のステップを順番に行って、開発を進めていきますが、**7つの**

図表 2-14　各ソリューションのイメージ

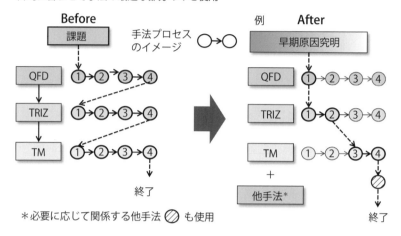

目的別のソリューションでは、目的に応じて手法の中の最適なステップを使っていきます。

　例えば、「早期原因究明ソリューション」では、QFDの一部のステップで取り組み範囲を設定し、TRIZの一部のステップである原因分析で原因分析のロジック・ツリーを作り、推定原因の検証でTMの一部のステップを使うといった具合です。分析の内容によっては統計的な処理といったほかの手法も組み合わせます。要するに「原因分析」に最適な手法を組み合わせていくわけです。したがって、課題の大きさによらずにフレキシブルに適用できます。

　このように目的に対して最適な手法のステップや考え方だけを使って、最短の時間で解決できるように工夫されています。

　図表 2-15に7つの目的別ソリューションの全体像のイメージを示します。この図で7つの目的別ソリューションは開発プロセスの探索から量産までのさまざまな開発ステップに対応することを示しています。ただし、開発ステップとソリューションが順番に対応しているのではなく、各ソリューションはすべてのプロセスで発生する技術課題にフレキシブルに使うことができます。例えば、「早期原因究明ソリューション」は要素技術開発段階での試作で起きた問題でも、量産でのラインで起きた不具合解析にも使えます。

また、複数のソリューションを渡り歩くことも容易にできます。例えば、「課題設定ソリューション」を使って、課題を明確にし、「早期原因究明ソリューション」を使って根本原因を求め、解決策を「強い特許ソリューション」を使って特許化するといった具合です。**各ソリューションの考え方が機能で統一されていますので、渡り歩いても考えが途切れないようになっています。**

　第3章から7つの目的別ソリューションごとに内容を紹介していきます。

図表2-15　7つの目的別ソリューションのイメージ

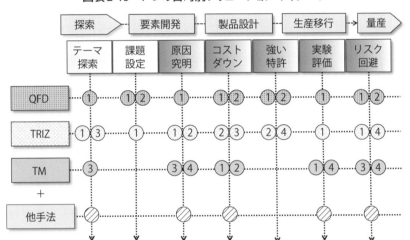

ポイント

- 7つの目的別のソリューションでは、目的に応じて手法の中の最適なステップや考え方を使う。
- 7つの目的別ソリューションは3手法をベースとして機能を主軸に繋がっており、複数のソリューションを渡り歩く場合にも、機能の考え方を使える。

Column

QFD、TRIZ、TMは対立する手法か？

　先にも紹介したようにQFD、TRIZ、TMはそれぞれが素晴らしく良いところがあり、世界的にも有名な手法です。しかしながら、生まれが皆、異なるうえに推進母体も異なるので、各手法の専門家の中には、「自分の手法が1番、優れている」との自負からか、他の手法に関心がない、連携させることに興味が薄い方もいます。これは私が所属している日本TRIZ協会でも同じです。

　また、それぞれの手法は範囲が広く深いため、学ぶべきことも多く、専門家でなければ全体をカバーできないため、一般の技術者はなおさら、連携させることまでは考えが及ばないかも知れません。

　多くの企業でも似たようなことが起きており、一流企業でも、品質保証部門がQFD、技術管理部門がTM、知財部門がTRIZという具合に同じ会社でも各手法の推進部門がバラバラに活動している所も多いと思います。

　また、ある企業では役員クラスの方が手法の「信者」となって、「この手法を信じれば救われる」とやるので、その役員が在任の期間だけは、盛んだった手法が、退任されたら、低調になったという話もよく聞きます。

　これは「手法ありき」で活動を始めるからでは？と筆者は思っています。

　オリンパス（株）でも昔は他社と同様、手法は個別の信者？による活動でした。しかし、2009年当時に、進んでいる他社をベンチマークして、「開発の共有言語」を作ろう」という考え方が当時の役員から示されて、（株）アイデアから3手法の繋ぎ方を教わったときに、「開発をうまく進めて目的を達成するためには、どんな風に、手法の素晴らしい考え方を使っていくのが良いか？」と考え始めたのが、「手法ありき」から「目的ありき」に変わった瞬間でした。

　今、考えると、この「チェンジ」がオリンパス（株）で起こったのは、いろいろな良い状況が重なったからかも知れません。

参考文献

(1) 日本TRIZ協会ホームページ「TRIZとは」
http://www.triz-japan.org/about_TRIZ.html
(2) ホームページ　Welcome to Kazz's World　Taguchi MethodS & Sketchings、「品質工学が目指すものとは何か」
http://kaz7227.art.coocan.jp/
(3) （財）日本科学技術連盟主催第21回品質機能展開シンポジウム、オリンパス（株）緒方隆司講演資料「SNマトリックスとTRIZの連携による顧客ニーズの取り込み」2015年
(4) 静岡大学ベンチャー支援ネットワーク室資料、「マーケティング戦略の考え方とマトリクス法によるSN変換の実際」平成18年

(5) 梅澤伸嘉「消費者心理のわかる本」平成18年、同文館出版
(6) NPO法人日本TRIZ協会主催TRIZシンポジウム2013、オリンパス(株)緒方隆司講演資料「TRIZの活用を拡大する7つのソリューション」2013年
(7) 日本能率協会主催2016ものづくり総合大会、オリンパス(株)緒方隆司講演資料「科学的手法による開発効率向上の取組み」2016年

第3章 テーマ探索ソリューション

　テーマ探索は研究開発の初期や要素技術開発の初期に、用途探索や技術調査、ユーザー調査などをしながら、研究開発や技術開発でのテーマを絞り込んでいくプロセスです。

　このプロセスは「Fuzzy Front End」といわれたりして、いろいろなことが未だよくわからず、Fuzzyな状態だといいます。何がFuzzyなのでしょうか？

　本書では、ニーズやシーズ（技術）が明確にわからないことをFuzzyとしています。そこを科学的アプローチで段階的に明確にしていくのが、「テーマ探索ソリューション」です。

3.1　ニーズとシーズの見える化と顕在化ステップ

（1）探索段階の見える化と計画表

　探索段階は確かにFuzzyで見えにくいですが**図表3-1**に示すように**ニーズとシーズが 潜在的な状態から、相互を具体化して顕在化しつつ、取り組むべき製品またはシステム、技術を明確にするプロセスと考えると、見える化できます。**ここで共有化に使うのが図表の下段に示す計画表です[1]。

　この計画表は、ニーズとシーズの顕在化を軸にして、最終ゴールは製品開発の開始ができるレベルに至るまでの、潜在的な状態から顕在的状態に至るまでのプロセスを表します。**ニーズとシーズの顕在化のプロセスは、製品やシステムにより変わります。**例えば、ニーズの顕在化が先行する「ニーズ・プル型」の製品もあ

れば、シーズの顕在化が先行する「シーズ・プッシュ型」もあります。

図表3-1　探索段階の見える化

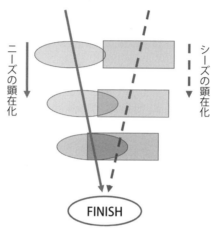

FINISH：製品開発開始レベル

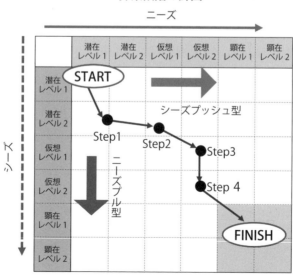

(2) ニーズとシーズを交互に顕在化するステップ

　探索段階の計画ができたら、ニーズとシーズを顕在化レベルに応じて、「探索ロジック・ツリー」とSNマトリックスを使いながら、ニーズとシーズを交互に具体化していきます。**図表3-2**に典型的なテーマ探索のステップを示します。探索が進めるにつれて、いろいろなことがわかってきますので、その結果に応じて、計画表も更新していきましょう。

　この後本章では、**図表3-2**の①〜⑦ターゲット商品を絞り込むまでのステップと⑧〜⑫のニーズとシーズの明確化までのステップについて分けて説明します。

　ただし、この流れは典型的な手順の1例ですので、対象とするシステム、技術によっては、先にも述べたように、ニーズの顕在化主導で進める場合もあれば、シーズの顕在化主導で進める場合もあります。状況によりツールも使い分けて探索を進めてください。

図表3-2　ニーズとシーズの顕在化ステップ

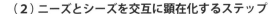

① シーズ、ニーズ顕在化の計画を立てる
② 探索・ロジックツリーで技術の用途を系統的に膨らませる
③ 探索・ロジックツリーで系統的に手段を展開する
④ 膨らました用途を事業適合性などで絞り込む
⑤ 絞り込んだ用途に合わせて手段を追加する
⑥ 手段(機能)について保有技術、他社技術で絞り込む
⑦ 用途と手段を戦略に照らしてターゲット商品を決定する
⑧ ターゲット商品の仮想ニーズを「SNマトリックス」で求める
⑨ ターゲット商品の仮想ニーズを検証する
⑩ ニーズに合ったシーズ(技術)を開発する
⑪ 試作品を使ったニーズ調査
⑫ シーズ(要素技術)の完成度を上げる

※上記は典型的な例であり、製品により異なる

3.2　ニーズもシーズもまったく掴めていない場合の探索

　最初に、ニーズもシーズもまったく掴めていない、図表3-1の計画で左上(ニー

ズもシーズも潜在レベル）からのスタートする場合の探索の進め方について説明します。

この段階では、開発現場で以下のような課題がありました。
①製品も必要な技術も明確ではなく、ニーズ情報も少なくQFDは使えない。
②新素材や要素技術の用途を調査したい。しかし、調査や発想で網羅的に検討できたかわからず、関係者や上司への説得が難しい。
③将来製品のイメージが固まっていないと、必要な要素技術も明確にならない。したがって、どの程度保有技術が使えるかわからない。
④技術・商品戦略と関連づけ、対象製品やシステムを絞った理由を客観的に説明するのが難しい。

（2）探索ロジック・ツリー

これらの課題を解決し、ニーズとシーズを絡めながら検討していくツールが**図表3-3**に示す探索ロジック・ツリー[(2)]です。

探索ロジック・ツリーはツリー全体が機能系統図に似ていて、中央部分に自分たちで開発してきたシステムや物を置き、そこから左側は「何のために使うか？」と用途を展開していきます。用途を展開することで、顧客のニーズとの接点を見つけることができます。一方、右側の展開は技術の機能ばらしで、自分たちが開発したものが、「どんな技術で構成されているか？」と機能系統図のように展開していきます。

探索ロジック・ツリーはニーズを用途展開という形で広く求め、シーズを機能展開という形で構成要素毎の機能で把握します。こうすることで、ニーズとシーズを絡めていく過程をより広範囲で、さまざまなパターンで行える特徴があります。また、ニーズもシーズもツリー構造とすることで、系統的な整理ができます。

用途展開は、時として開発者の知識や経験に限定されるので、その心理的な惰性を打破し、より広く用途を膨らますのにTRIZの「科学効果」を使います。TRIZの科学効果とは、物理学、化学や幾何学などに関する効果・法則を「科学的・工学的効果集」としてまとめ、問題解決時に他分野で使っている技術などもヒントにして革新的アイデアを導く方法です。調査したり発想した結果が発散しないように、ツリーの横の列を、働きのV展開、その対象物のO展開をしたりします。さ

図表3-3 探索ロジック・ツリー

> 技術者の思い込みに縛られずに将来の可能性を見つける
>
> **用途展開**：技術を使う用途の展開　⇒顧客ニーズの接点を探索
> **手段展開**：技術を構成する手段の展開　⇒シーズを構成する要素技術を把握

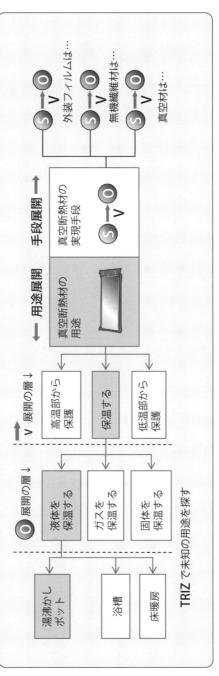

探索ロジック・ツリー「真空断熱材の展開例」

第3章 テーマ探索ソリューション

製品開発は"機能"にばらして考えろ　45

らに、シーズの機能展開は、技術を働きに置き換えることで、その実現手段に対する技術者の心理的惰性を打破して、実現手段の範囲をTRIZで広げ、他社の技術との比較も容易にできます。

（3）探索ロジック・ツリーの具体的な展開方法

ここでは、「真空断熱材」の探索事例で、探索ロジック・ツリーの展開方法について説明します。

例えば、研究所で長期間、素材から検討していた真空断熱材が完成し、その素材を活用した製品の開発を行いたいが、ニーズがあるかもわからないし、製品化に必要な技術も掴みきれていない状況からの展開を説明します。

①手順1：テーマ設定

まずは探索ロジック・ツリーの中央部分左側に「真空断熱材の用途」と書き、右側に「真空断熱材の実現手段」と書きます。これを元に左側は用途展開のツリー、右側は実現手段のツリー（機能展開）を展開していきます。

②手順2：用途展開

次に図表3-4に示すように探索ロジック・ツリーの左側の用途展開を行います。まず、真空断熱材の働きを考えて、V展開をしてみます。高温や低温からの熱的な保護という働きもありますし、囲まれた空間の保温という働きもあります。次にその働きが対象とする対象物（O）のバリエーションを考えます。例えば、働きで「保温する」の対象は個体であったり、液体であったりします。対象物をさらに細かくして働きの程度（スペック）を展開することもできます。このように**探索ロジック・ツリーでは縦の列を揃えることで、系統的な展開ができ、調査やアイデアで発散することを防止できます。**

例えば、「固体を保温する」という用途を検索エンジンソフトやTRIZツールソフトで調べてみると、さまざまな用途が出てきます。宅配用のピザのケースを保温したり、冷蔵庫やクーラー・ボックスの保温の用途も見つかります。このように調査やブレーン・ストーミングで出てきた情報を探索ロジック・ツリー上に系統的にマッピングしていくことができます。

よくこの手のブレーン・ストーミングをやると粒度の大小でさまざまなアイデアが出て整理がつかずに発散することがありますが、このような系統的なツリー

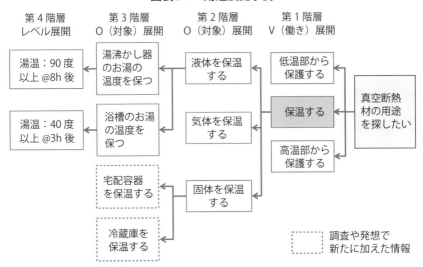

図表3-4　用途展開事例

でのマッピングをすることで、系統的に整理しながら発想ができます。

　TRIZでは科学効果として知識検索などで調べた他分野の技術に触発されて発想しますので、例えば「冷蔵庫の壁に真空断熱材を使う」という情報を元にクーラー・ボックスや保温宅配ボックスのアイデアを出すこともできます。**TRIZの科学効果を使って知識や経験による心理的惰性、すなわち「このようなものにしか使えない」という思いを打破することができます。**

　このように**用途展開で用途を膨らますということは、ニーズとの接点を広く求めていることを意味しています。**多様な用途を見つけることは、多くのユーザーのさまざまなニーズを探索しているのと同じことになるわけです。

③**手順3：手段展開**

　次に**図表3-5**に示すように探索ロジック・ツリーの右側で保有技術（シーズ）の展開を行います。**保有技術の展開は機能S＋V＋Oをベースとして「目的←手段」のように展開した機能系統図と同じです。**例えば「真空断熱材」のユニットや部品、材料の機能、または製造技術構成もツリー構造で展開できます。

　技術（シーズ）を探索ロジック・ツリーで機能展開することの目的は大きくは2つあります。

　第1の目的は、技術を機能で表すことで技術を構成している要素技術を「働き」

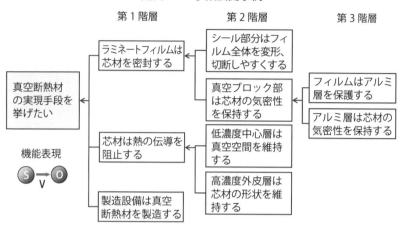

図表3-5　手段展開事例

に基づいて分解し、**保有技術をよりシンプルな表現で、正確に系統的に把握する****ことができます**。特に探索段階では技術は完成度が低く、図面も十分でない状態であっても、技術を構成する機能は表現できます。また、機能の実現手段が技術ですので、社内で保有する技術や他社が保有する特許や技術も機能の視点で比較、整理できます。

第2の目的は、**技術を機能で表現することで、顧客ニーズとの接点を見つけや****すくすることです**。機能に「機能の程度」を加えたものが顧客のニーズと理解すればツリーの左側の用途（ニーズ）と繋がりやすくなります。

④**手順4：用途展開の絞込み**

自由に用途を広範囲に膨らませたら、**自社の事業と親和性の高い用途を絞り込****みます**。絞り込みは用途を拡大した後に行っても良いですし、ある程度の展開ができた途中で行って、絞り込んだ範囲内で展開することもできます。

例えば**図表3-6**に示すように、自分の会社が家電の事業展開を行っているとすると、展開した用途展開のツリーの中から、家電事業に関係ある、またはその延長上にありそうな事業に限定して、ツリーの一部を絞り込むことができます。

新しい事業の探索という目的で行っている場合は、あまり自社のビジネス領域にこだわらずに、少しでも関係ありそうな用途は取り込むくらいのつもりで、アバウトな絞り込みでも良いでしょう。

図表 3-6　用途展開の絞り込み

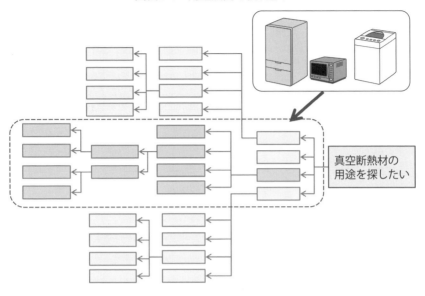

図表 3-7　用途による新たな機能追加（手段展開）

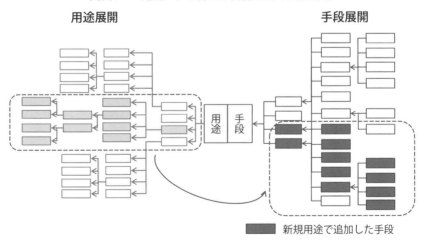

⑤手順5：絞った用途領域の手段展開への落とし込み

次に絞り込んだ用途展開に対して必要な機能を想定して、**図表 3-7** に示すように手段展開に追加します。今までは当初の真空断熱材だけの手段展開でしたが、

それに新たな用途のシステムに必要な機能があれば加えます。例えば、湯沸かしポットが新たな真空断熱材の用途に加わったら、真空断熱材以外の、構成部品でヒーターとかステンレス・ケース、成形品の機能を手段展開側に書き加えていきます。

⑥手順6：手段展開の絞り込み

次に探索ロジック・ツリーの**右側の手段展開のツリーを保有技術、他社保有技術で絞り込みを行います**。図表3-8に示すように、機能ツリーの中から適当な中間層を選んで、その機能を実現する手段を列挙した表を作り、その技術を自社のどの部門が保有しているか、他社が保有しているかを星取表でチェックします。自社保有の技術も機能で考えると見つけやすくなります。

例えば湯沸かしポットに必要な温度制御技術は温度をセンシングする機能とヒーターのパワーを制御する機能を合わせたものと理解すれば、それと関連する技術をどの部門が保有しているかを探しやすくなります。また、保有技術のチェックを入れる場合に、自社が昔から力を入れて取り組んできた、技術のヒストリーなどの資料があれば、参考にしてもよいでしょう。

⑦手段7：戦略、方針によるニーズとシーズのマッチング

探索ロジック・ツリーの用途展開と手段展開の絞り込みがある程度できたら、図表3-9に示すように、**新規事業に関する戦略、方針や技術戦略などの中長期的**

図表3-8　手段展開の絞り込み

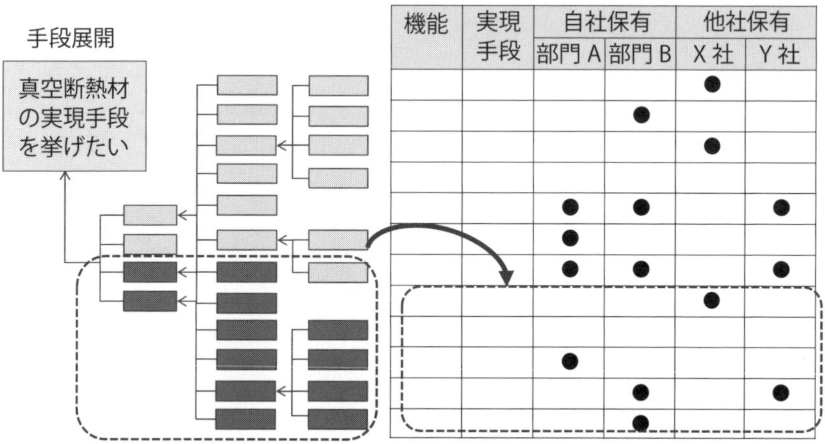

な戦略、方針に照らして、用途（ニーズ）と手段（シーズ）を見て絞り込んだ範囲が合致するか、さらに適した商品はあるかを見ていきます。

　この際に用途展開の中ではどのような商品が事業的にも親和性があるか？将来親和性が出てくるか？現事業が対象にしている顧客のチャネルにも合致するか？などを見ます。

　また、手段展開の方では、自社の保有する技術を活かせるか？保有していない場合も、戦略的に他社の技術を活用できるか？などを検討します。この結果として、例えば真空断熱材を湯沸かしポットに使うことになり、開発すべき要素技術も絞られて、ニーズもシーズも初期の段階より顕在化が進んだことになります。

戦略とのマッチングにおいて、新規事業の商品が、3年後、5年後というように

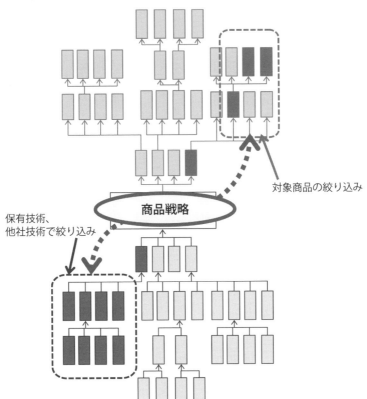

図表3-9　戦略による用途（ニーズ）と手段（シーズ）のマッチング

ターゲットの時期が明確になっている場合には、図表3-8で絞り込んだ用途展開の情報と手段展開の情報を使ってニーズ（用途）とシーズの未来予測をすることで、より明確に必要な技術の予測が可能になります。未来予測には図表3-10に示すような**TRIZの9画面法（マルチ・スクリーン）が参考になります。**

　TRIZの9画面法とは9画面の縦軸の中央層に自分たちが必要とする技術を書き、上位層はその技術を適用した商品や商品を使うインフラや環境を書き、下位層にはその技術に必要な要素技術、先程手段展開した下位の方の手段を書きます。そして横軸は時間の流れを過去、現在、未来と位置づけます。

　ここで、過去は予測したい未来と現在の間の期間の2倍程度を設定します。例えば、図表3-10に示すように、3年後の技術を予測したければ、2倍の6年前の過去の技術を調べます。

　9画面法とはこのように技術の階層と時間軸の9画面からなるスクリーンを使って、自分たちが予測したい未来に必要になる技術を上位層の商品、インフラや環境の未来と下位層の要素技術の未来でサンドイッチすることで、発想するのがTRIZの技法です。上下層の過去のトレンドから未来を予測し、サンドイッチされた必要技術がどんなものであればマッチするかを発想するわけです。上下の層の過去や未来予測は検索エンジンやTRIZ専用のツールなどを使って調べます。

図表3-10　TRIZ9の画面法による未来の技術予測

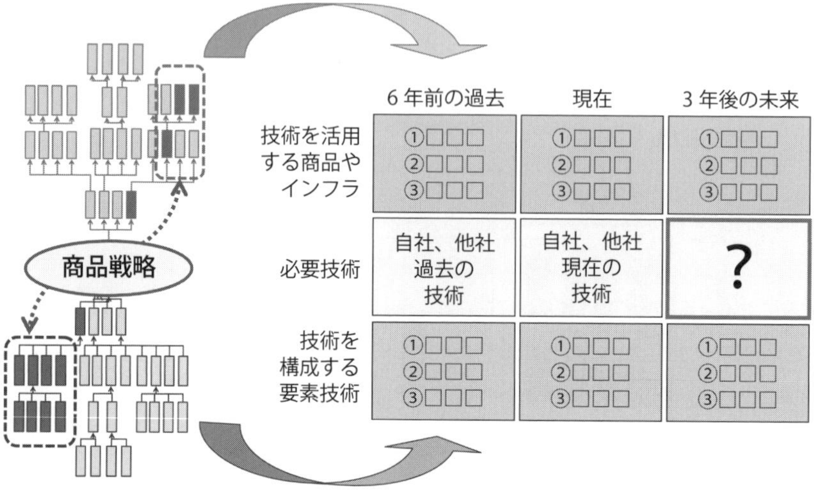

今まで述べてきた、探索ロジック・ツリーによる用途展開や手段展開は、現時点での調査や発想に基づくものですので、未来の新規事業、商品を予測する場合は、過去からのトレンドを意識した未来予測の視点を加えることで、より明確になり目的に合った探索ができます。

> **ポイント**
>
> - 探索段階はニーズとシーズが 潜在的な状態から、相互を顕在化しつつ、取り組むべき製品またはシステム、技術を明確にするプロセスと考える。
> - 探索段階の進め方を見える化するには、ニーズとシーズに関して、潜在的な状態から顕在的な状態に至るまでの抽象化レベルを段階的に分けて、それぞれのステップをいつまでにどんな方法を使って進めるかを計画する。
> - 探索ロジック・ツリーはニーズを用途展開という形で広く求め、シーズを機能、手段展開することで、ニーズとシーズを広範囲で絡めていく。
> - 用途展開は、TRIZの科学効果などを使い、開発者の心理的な惰性を打破し、広く用途を膨らます。用途を膨らますことでニーズとの接点を広く求める。
> - 用途展開のツリーでは縦の列を揃えることで、系統的な展開ができ、調査やアイデアで発散することを防止できる。
> - 技術を機能で表すことの目的は、保有技術をより正確に系統的に把握すると共に、顧客ニーズとの接点を見つけやすくすることである。
> - 用途展開は自社の事業と親和性の高い用途で絞り込み、手段展開は保有技術、他社保有技術で絞り込む。絞った範囲は、戦略、方針に照らして確認する。
> - 新規商品のターゲット時期が明確になっている場合には、用途展開の情報と手段展開の情報を使って、ニーズとシーズの未来予測をすることで、より明確に必要な技術の予測が可能になる。

第3章　テーマ探索ソリューション

製品開発は"機能"にばらして考えろ　53

3.3　ニーズもシーズもある程度掴めている場合の探索

　探索段階といっても、明確にしたい商品が現行製品の延長上にあって、ニーズやシーズがある程度具体化されている状態での探索というケースもあります。このように図表3-1の**計画表でニーズ軸やシーズ軸で中間的な所からのスタートの場合は、探索ロジック・ツリーよりもSNマトリックスを使う方がよいでしょう**。

　SNマトリックスはシーズ・ドリブン型のQFDともいえ、ニーズ情報が十分でない状態、完成度の高い製品の姿が描けていない状態で使うのに適しています。

（1）ニーズとシーズのさらなる顕在化で使う考え方

　この段階では、ニーズもシーズもある程度は顕在化されている状態からのスタートになりますので、ニーズとシーズのさらなる顕在化には、機能を橋渡しとした考え方を使います。ニーズとシーズは機能を中心に繋がることを第2章で説明しました。ニーズが明確でない探索段階ではSNマトリックスを使ってシーズ（機能の実現手段）からニーズを求めることで、機能ごとにニーズを調査できます。例えば、**図表3-11**に示すように、商品ターゲットが湯沸かしポットと明確である場合に、他社の参考にすべき湯沸かしポットを調べます。または自社ですで

図表3-11　探索でのSNマトリックス

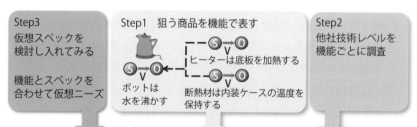

に湯沸かしポットを生産していて次期商品の探索を行っている場合に、湯沸かしポットの顧客要求（ニーズ）を機能ごとに調査します。

この段階では、顧客ニーズも詳細には把握できていないことがあります。その場合には**機能達成レベルの目標欄に、作り手側で設定した達成レベルを記入して「仮想ニーズ」を設定することもできます。**

機能を元にしたニーズ調査や仮想ニーズの検討のメリットは、機能を空間的にも時間的にも展開できるので、漏れのない広範囲の調査、検討ができることにあります。

仮想ニーズを設定した場合には、技術レベルの段階的な進捗に合わせて、ニーズの検証作業を行います。仮想ニーズの検証には「商品企画の7つ道具」[3]にも紹介されているような、アンケート調査、「コンジョイント分析」などを使うこともできますし、モックアップのようなサンプルを顧客に使ってもらって要求を調べるユーザビリティ評価を使って検証することもできます。

特にコンジョイント分析は、仮想ニーズを元にした商品の仮想カタログを作成し、効率的にアンケート調査を行うもので、顧客の感覚的な潜在ニーズを要因効果図として的確に把握することができるため、検証には有効です。

また、SNマトリックスでは、第2章で述べたように**仮想ニーズの基になる機能の達成レベルに、顧客の期待を越える「意外性」を持たせて、「魅力的な品質」の仮想ニーズを発想することもできます。**

参考　コンジョイント分析とは

コンジョイント分析は商品のコンセプト開発に使われる商品企画7つ道具の1つです。顧客が商品を選ぶときに潜在意識下でどのような点を重視するのかを分析できます。分析は**図表3-12**にも概要を示したように以下の手順で行います。
①過去の調査から調査対象の要素（パラメータ）と選択肢（水準）を決める。
②直交表を使って、仮想カタログのパラメータの組み合わせを決定する。
③仮想カタログと調査票を使って、顧客にカタログの評価をしてもらう。
④直交表の要因効果図を作成して、高評価の要素と寄与率を求める。
⑤最適な条件を要因効果より求めて推定評価値を出す。
コンジョイント分析は顧客の深層心理の嗜好を調査するのに適しています。さ

らに確度を上げるために調査対象者全体の属性重要度を把握した後、グループ（クラスター）分けをして、さらに細かい好みの類似グループごとの属性重要度を見ていくような手法をとることもあります。

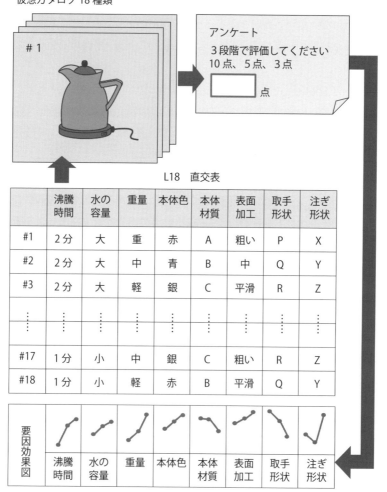

図表3-12　コンジョイント分析の概要

（2）シーズの顕在化に役立つTRIZの願望型発想法

　SNマトリックスで対象商品の機能分析ができていると、それを元にシーズの顕在化をする場合には、実現手段をもっと自由に発想したいですね。TRIZを使うだけでも、開発者が思い込んでいる心理的惰性を取り除いて発想することはできますが、さらに開発者の縛りを解放することができる**探索段階に向いた発想方法が先に第2章で紹介したTRIZの「願望型発想法」**です。

　開発者は現行の製品の部品やユニットをよく知っているがゆえに、その機能をほかのシステムで実現できる発想になかなか至りません。現在のシステムや部品へのこだわりは一旦リセットして達成手段を広く発想する方法が願望型発想法です。願望型発想法の詳細については第7章も参照してください。

　極端な話、湯沸かしポットの形にこだわらないで「水を沸騰させる」手段を考えるわけです。こうして潜在ニーズのアイデアも出してみましょう。

> **ポイント**
>
> ◆ニーズやシーズがある程度具体化されている状態での探索には「SNマトリックス」を使って、機能達成レベルを想定して仮想ニーズを設定する。
> ◆機能の達成レベルに、顧客の期待を越える「意外性」を持たせて、「魅力的な品質」の仮想ニーズを発想することもできる。
> ◆仮想ニーズから仮想カタログを作成し、アンケート調査を行って顧客の潜在ニーズを「要因効果図」として把握するコンジョイント分析は、仮想ニーズの検証に有効である。
> ◆既存のシステムは一旦リセットして達成手段を広く発想することができる、探索段階に適した発想方法がTRIZの願望型発想法である。

Column

探索の企画会議で一番怖いのは「思い込み」と「大きな声」

　R&D部隊での探索段階での、要素技術などの方向付けを行う企画会議などでは研究者が作成した膨大なニーズ調査資料や他社技術資料を見せられると、マネージャーは「よく調べた。GO！」といいたくなりますね。確かに、専門性の高い研究者がどの範囲を調べたかを第三者が検証するのは大変なことです。

　しかし、膨大な資料にこそ、要注意です。専門性の高い研究者ほど、良くも悪くも「思い込み」が強いものです。この思い込みをいかに排除して広く調査したかを見るのに探索ロジック・ツリーのようなツールは有効と思います。

　もう1つ、よく会社で見る光景として、偉い人が大きい声で、「右向け、右！」といったら、皆、しょうがなく右を向いて行くことありませんか？

　探索段階はあらゆるものがFuzzyなだけに、論理的な拠り所を示すのも大変です。ですから、偉い人の「大きな声」には「違うんだけどな〜」と思っても反論もできずに、進んでいってしまうことがあるわけですね。そこで、少しでもFuzzyを見える化して共有できることが、この段階では非常に重要なわけです。

　ここで紹介したツールを使って、是非、「思い込み」と「大きな声」に負けない探索での方向付けをしていきましょう。

参考文献

(1) 東芝総合人材開発（株）岩間仁「製品イノベーションにおけるニーズとシーズの融合と顧客価値創造のメカニズムの研究」横浜国立大学大学院博士論文、2008年
(2) NPO法人日本TRIZ協会主催　TRIZシンポジウム2015　オリンパス（株）緒方隆司講演資料「開発者がTRIZを自然に使えるような仕組みづくり」2015年
(3) 神田範明編著、飯塚悦功監修「商品企画七つ道具─新商品開発のためのツール集」日科技連出版、1995年

第4章
課題設定ソリューション

　課題設定ソリューションは、開発を始めるに当たって、最初に準備すべきことを整理し、目標を明確に決める段階で、多くのソリューションの入口にもなります。

　このプロセスで重要なことは、これから取り組む問題解決または技術検討について、その取り組み範囲と優先項目について、チーム、マネジメント層、テーマ関係者とで共有し合意することです。

　この課題設定のプロセスをいかに論理的に合理的に行ったかで、開発テーマの善し悪しが決まるといっても過言ではありません。後戻りのない開発を行うために、是非、スタートには時間をかけてでも、取り組み内容を組織で共有して明確にしておきましょう。

4.1　課題設定のステップ

　課題設定のステップは**図表4-1**に示すように大きく3つになります。皆さんがテーマをスタートするときは、全体がぼやけており、課題に関して整理もできておらず、モヤモヤしている状況だと思います。

　最初に課題の全体像を俯瞰して、どのような検討項目、パラメータがあるかの概要を掴みます。次に、目的に合わせていくつかの視点から優先度を決めます。最後に優先技術課題の具体化を行います。「**範囲を絞り込む**」ことと「**優先課題を絞り込む**」ことは、時間や工数の制約がある皆さんにとっては効率化の第1歩となります。本章では、範囲を決めてから優先度を決める典型的なプロセスを説明

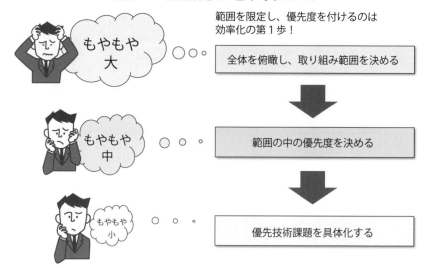

図表4-1　課題設定での基本的なステップ

しますが、目的やシステムによっては、優先順位を決めてから、範囲を決める順番で行うこともあります。

最初に、目的に応じて取り組み範囲を下記の視点から決めます。下記は複数組み合わせることもできます。

①空間的な視点

②時間的な視点

次に目的に応じて優先順位を下記の視点から決めます。こちらも複数組み合わせることもできます。

①顧客の要求の強さ、競合他社の状況による視点

②目的に対する影響の大きさの視点

③リスクの大きさの視点

④コストの視点

最後に優先課題を具体化するステップでは上記で決めた優先課題について改めて、詳細に範囲を決定し、関係のパラメータを抽出します。

以下、具体的な事例を通して、上記ステップについて説明していきます。

> **ポイント**
> - ◆「範囲を絞り込む」ことと「優先課題を絞り込む」ことは、時間や工数の制約がある開発者にとっては効率化の第1歩。
> - ◆取り組み範囲は、①空間的な視点、②時間的な視点で決める。
> - ◆優先順位は、①顧客の要求の強さ、競合他社の状況による視点、②目的に対する影響の大きさの視点、③リスクの大きさの視点、④コストの視点により決める。

4.2　取り組み範囲の決定

　テーマを決めて、開発をスタートするに当たって、自分たちが手を付ける範囲を決めて、関係者、マネジメント層と合意することは重要です。筆者が社内でテーマ相談を行っていたときも、最初の相談時にテーマでの課題について、その取り組み範囲が、リーダーとメンバー、あるいはメンバー間で一致していないことはよくありました。そんなときに、いろいろな視点で取り組み範囲を合意してベクトル合わせをしておくことは、開始時の大切なプロセスと思います。

(1) 空間的視点と時間的視点

　取り組み範囲を決めるに当たって、**範囲の切り出し方として、目的に応じて空間的な視点と時間的な視点があることを覚えておくと、非常に便利です。**

　空間的視点と時間的視点の事例として**図表4-2**に示すような、飛行機のバッテリー故障の原因分析の例で説明します。以前、似たような事故がありましたね？

　もし、あなたが飛行機のバッテリーが損傷してしまった事故の原因分析を行うことになったとしたら、どのような分析を行いますか？

　一般的には損傷したバッテリーを観察して、バッテリーの構成要素を描きながら、その状況から原因を分析していくことは多いと思います。このような分析を「空間的視点の分析」といいます。一方で、時間的な分析もできます。この場合は

図表4-2　空間的視点と時間的視点の例

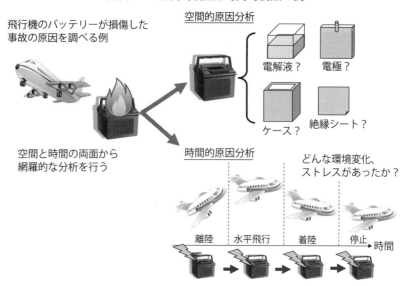

バッテリーが搭載された飛行機が離陸してから着陸するまでの一連の時間的プロセスを設定して、各プロセスでの電流電圧の状況、気圧・温度などの環境の変化などを調べて、故障の原因分析することもできます。

　より、**正確な分析を行うには空間的分析と時間的分析の両方を行うとよいでしょう。**このように取り組み範囲を決めるうえで、空間的視点と時間的視点を使うと、目的に応じて最適な範囲を設定することができます。

（2）特性要因図を使った範囲設定

　特性要因図は、QC7つ道具の1つとして広く紹介されていて、原因分析などにも使われますが、本書では範囲を設定するためのカスタマイズしたツールとして紹介します。範囲を設定しやすくするために特別な工夫がされています。

　図表4-3に湯沸かしポットでの事例を示します。課題を「湯沸かしポットの沸騰時間が2分以上と長い」として、関係する因子を出しています。この特性要因図は空間的な分析を行っているので、「空間的特性要因図」といいます。

　特性要因図はフィッシュボーン（魚の骨）ともいわれ、魚の骨の頭に相当する

図表 4-3　特性要因図

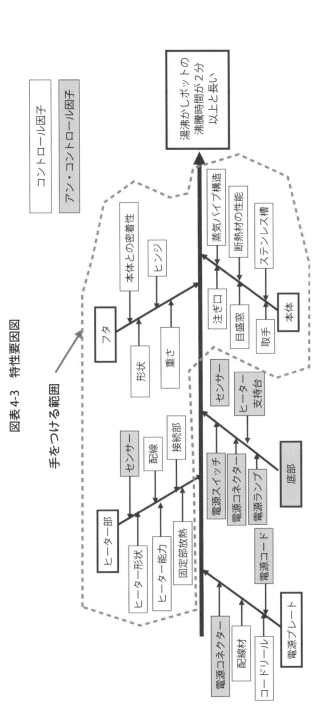

第4章　課題設定ソリューション

部分に課題を記載し、構成要素（サブ・システム）ごとに太い骨を書いて、その下に関係する因子を細い骨の下にぶら下げます。因子は課題に関係あると思われる物の部品名や品質特性などを思いつくまま記載します。

　特性要因図はできるだけ複数の人で作成した方が漏れを少なくできます。

　特性要因図は取り組む範囲を決めるのが目的ですので、各因子は開発者がコントロールできるか否かで色分けをしておくと便利です。この図では白色がコントロール因子、グレー色がアン・コントロール因子です。

　コントロール因子とは開発者が自由に設計、仕様を決めることができるもので、設計図面に反映できるものを指します。これに対してアン・コントロール因子とは外部からの汎用的な購入品や、ユーザーしか決めることができない内容、使われる環境因子などが含まれます。

　メカ設計チームでの問題解決の場合でメカ設計者が直接コントロールできないような電気系、ソフト系の設計内容と関係する因子をアン・コントロール因子とする場合もあります。

　因子の色分けができたら、その情報も参考にして、課題に取り組む期間、工数を考慮しながら取り組み範囲を決定し破線で囲みます。時期を分けて取り組む場合は囲みを複数書く事もできます。取り組み範囲中に、アン・コントロール因子が含まれても構いません。アン・コントロールであることを意識して、実験のやり方などの扱いを決めればよいわけです。

　技術課題に応じて、「時間的特性要因図」を作成することもできます。例えば、湯沸かしポットの操作上の課題や製造上の課題を分析する場合は「時間的特性要因図」を使って、取り組み範囲を決定することができます。

　図表4-4に空間的特性要因図と時間的特性要因図の違いを示します。これを見るとわかるように、**時間的特性要因図は魚の骨の背骨部分に時間の流れがあり、主なプロセスを記載します。そしてそこに接続した骨に詳細プロセスやプロセスに関係する因子を記載していきます。**時間的特性要因図も因子をコントロールの有無で色分けしたり、手を付ける範囲を決めるのは同じです。この背骨の書き方としては、例えば、ある検査工程で発生した不具合については、不具合発生工程より時間的に遡って、前の工程を記載するようにします。

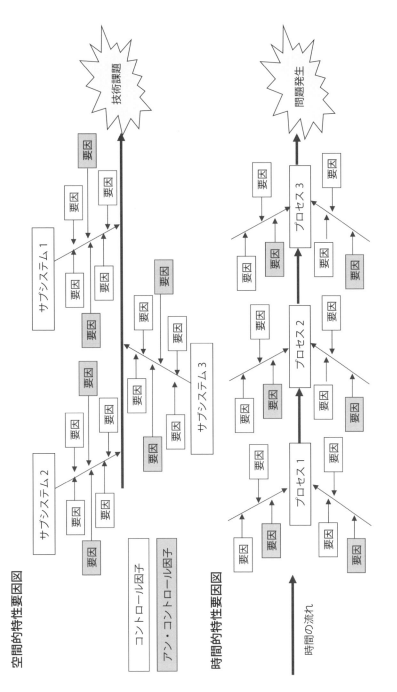

図表4-4　空間的特性要因図と時間的特性要因図

図表 4-5　空間的機能系統図と時間的機能系統図

空間的機能系統図

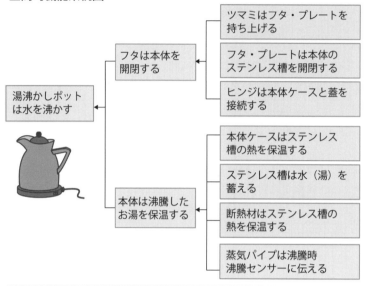

時間的機能系統図

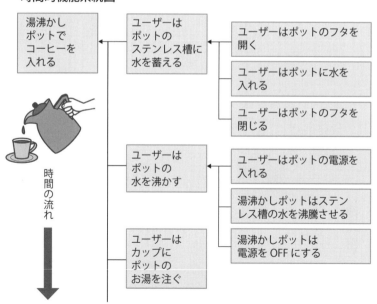

(3) 機能系統図を使った範囲設定

機能系統図を範囲設定に使うこともできます。

図表 4-5に湯沸かしポットの機能系統図の空間的機能系統図と時間的機能系統図を比較して示します。「空間機能系統図」は湯沸かしポットの部品構成表のユニット名や部品名を主語にして、ツリー構造を作ります。一方、時間的機能系統図はユーザーが湯沸かしポットでコーヒーを入れるプロセス表を元に作ります。どちらも機能表現のS＋V＋Oで記述するのは同じです。時間的機能系統図では、上から下に時間の流れがあり、左から右に、主プロセス、詳細プロセスといった階層構造となっているのが特徴です。時間的機能系統図は、このようなプロセス以外にも、例えば、湯沸かしポットの製造工程をベースにすることもできます。

機能系統図で範囲を設定する場合には、**図表 4-6**のように、上位層から見て、課題と関係ありそうな部分の機能をマークして範囲を設定します。やり方は空間も時間も同じです。

図表 4-6　機能系統図の取り組み範囲を決定

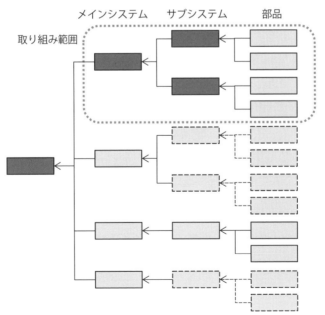

機能系統図は部品構成表や工程表を元に展開していますので、特性要因図に比べて、やや作成に時間がかかりますが、抜け漏れがないのが特徴です。
　課題の対象システムを見渡して、原因分析やリスク分析のように漏れのない検討をしたい場合は機能系統図での範囲設定をお薦めします。

（3）特性要因図と機能系統図を組み合わせた範囲設定

　これまで述べてきたように、特性要因図と機能系統図はそれぞれ空間的な分析と時間的な分析ができますので、例えば、**図表4-7**に示すように**特性要因図を使って、短時間で全体を俯瞰して取り組み範囲を決めて、範囲内でさらに詳細部分を検討する場合は機能系統図を書いて網羅的に検討することもできます。**

> **ポイント**
>
> ◆ 範囲を決める場合には、目的に応じて空間的な視点と時間的な視点がある。正確な分析を行うには、空間的分析と時間的分析の両方を行うと良い。
>
> ◆ 「特性要因図」のコントロール因子とは開発者が自由に設計、仕様を決めることができるもの。アン・コントロール因子とは外部からの汎用的な購入品や、顧客しか決めることができない内容、使われる環境の因子などを含む。
>
> ◆ 「時間的特性要因図」は魚の骨の背骨部分に時間の流れがあり、主なプロセスをそこに記載し、背骨に接続した骨に詳細プロセスや関係する因子を記載する。
>
> ◆ 機能系統図は部品構成表や工程表を元に展開しているので、特性要因図に比べて、抜け漏れがないのが特徴である。
>
> ◆ 特性要因図を使って、短時間で全体を俯瞰して、取り組み範囲を決めて、範囲内で機能系統図を書いて網羅的に検討することもできる。

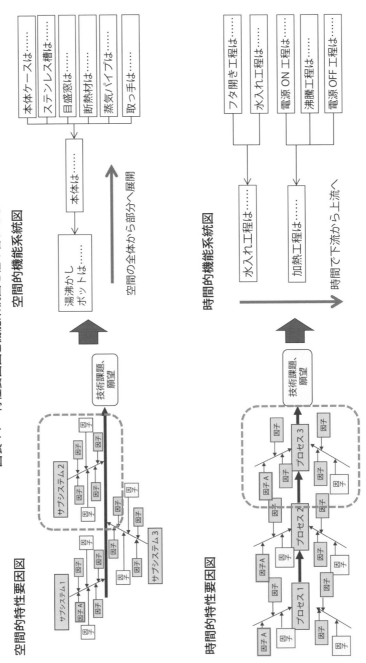

図表4-7 特性要因図と機能系統図を組み合わせる

4.3　優先度の決定

技術課題の取り組み範囲が決まったら、次に下記視点で優先度を判断します。

（1）顧客の要求の強さ、競合他社の状況による視点

製品や工程に関して、顧客のニーズ情報がある場合は、顧客の視点で優先度を判断します。その場合の代表的なツールとしては、図表4-8に示すようなQFDが有名です。

この図のQFDは簡易的に書いていますが、企画品質で、各要求項目について顧客要求との乖離がないか？競合他社との乖離はないか？を判断し、どちらも乖離がある"◎"と判断した場合は優先度を高くし、"◎"をつけて「レベルアップ要求項目」とします。これは「顧客のニーズに不足で、他社にも負けている」ことですので、次の製品では最優先で取り組むことになります。

QFDは一般には顧客のニーズを多く得ている場合使うツールですが、**ニーズ情報があまり得られていないとき、または網羅的にシステムのニーズを調べたいと**

図表4-8　QFDの例

顧客要求 （要求品質）	湯沸かしポットの仕様					企画品質		
	ヒーター電力	断熱性能	容量	表示仕様	容器構造	要求との乖離	他社との乖離	優先度
早く沸かしたい	◎	◎	◎		○	◎	◎	◎
沸いたら目でもわかるように		◎	○			◎	◎	◎
蒸気が上に出ないように					◎	○	○	○
注ぐときの湯切れ良く			○		◎		○	
子供がフタを開けにくい				○	◎	○		

きには、図表4-9に示すような「シーズ・ドリブン型QFD」の一種であるSNマトリックスを使うと便利です。

　SNマトリックスでは、最初に自分たちのシステムを機能で表現し、機能系統図で書きます。次に現在または従来のシステムの機能ごとに、機能の達成レベルを書き、顧客の要求レベルや他社の達成レベルを機能ごとに調べて書きます。優先度を決めるときの考え方は従来のQFDの企画品質と同じで、現状レベルと顧客要求レベル、競合他社レベルの乖離の大きいものを優先度大とします。「湯沸しポット」では、現行システムがお湯を沸かすのに5分かかるとして、顧客の要求レベルは「1分でお湯を沸かして欲しい」、他社のレベルは「2分でお湯を沸かすことができる」とすれば、この湯沸しの程度を優先課題とし、次の製品では目標1分を目指すといった分析をします。

(2) 目的に対する影響の大きさの視点

　目的に対する影響の大きさの視点とは、顧客ニーズが明確でなくとも、作り手側の判断基準として、**システムの本来の目的、顧客が期待する機能の重要度や目的に対する影響度を予測したり見積もることで、優先度を決めようとするもの**です。

図表4-9　SNマトリックスの例

（例）ヒーターユニットは水を2分で沸かす（当社の実力）
（例）水をA社よりも早く1分で沸かして欲しい（顧客のニーズ）
（例）A社は高周波加熱で水を1.5分で沸かす（他社の技術）
優先技術課題：○○手段で水を1分で加熱する（次の目標）

自社技術と顧客要求、他社技術の間にギャップがある場合は優先項目に◎をつける

ギャップ

機能 Tree 階層	優先 項目	機能達成レベル		機能 (S+V+O)	他社技術		顧客要求
		目標	現状		レベル	内容	
	◎	100℃ 1分で	100℃ 2分で	ヒーターユニットは水を沸かす	100℃／ 1.5分で	高周波 加熱技術 特許○○	A社より早く1分で加熱して欲しい

製品開発は"機能"にばらして考えろ

①機能重要度を評価する

機能とは、冒頭で紹介したように、システムの働きを意味するもので、そのシステムが本来、どんな目的で作られているかを示すものです。そこで、システムの機能を機能系統図で列挙したら、その1つひとつの機能に優先度を付けることで取り組みの優先度を決めようとするものです。しかし、システムには多くの機能があり、一度に優先度を判断するのは難しくなります。そこで、ここでは機能の重要度を評価する方法を紹介します。

1）階層別決定法

階層別決定法は、比較対象の少ない上位機能から優先度を決め、その後、階層別に階層中の優先度を決めて、総合的な優先度を決定する方法です。

湯沸かしポットの例を**図表4-10**に示します。まずは湯沸かしポットの第1階層レベルでの評価を5段階で評価します。湯沸かしポットでヒーター部は基本機能ともいえ、最上位の「5」をつけます。

次いで、ヒーター部の下のユニットや部品を階層別に5段階評価します。

ヒーターやヒーター固定部などをこのように評価して、最後は階層別に掛け合わせて、総合評価を計算して重要度を求めます。

図表4-10　機能重要度「階層別決定法」

機能重要度は機能の上位から決める

①第1階層のユニットの中での優先度を5段階で評価

②第2階層以下のユニットまたは部品の中の優先度を5段階で評価

③総合判定結果が％表示される

機能重要度判定				
第1階層	判定	第2階層以下	判定	総合判定
ヒーター部	5			
		ヒーター	5	100%
		ヒーター固定部	4	80%
		配線部	3	60%
		ヒータープレート	3	60%
		空焚き防止センサー	3	60%

この評価は、評価水準は決まっていても評価者による感覚的な評価となりますので、評価を付け終わったら、チームや関係者でよく共有し、合意するようにしてください。

2) 1対評価法

階層別評価でも機能の数が増えてくると評価しにくい場合は、VE（バリュー・エンジニアリング）などでよく使われている1対評価法を使うことを推奨します。

一般に、人は5つ以上など比較対象が増えると優劣をつけるのが難しくなりますが、「2つのうち、どちらが重要？」といわれると判断できるものです。

1対評価法は、これを利用したもので、いくつかの評価法があります。

代表的なものは**図表4-11**に示すDARE法です。これは、Decision Alternative Ratio Evaluation systemの略です。

まず、表のような機能マトリックスを作り、上段の機能の重要度を1として、F1対F2、F2対F3、F3対F4、F4対F5……のように、上下の機能比較を上段"1"として下段の機能が何倍重要かを評価して記入します。順次、右下斜め方向に繰り返して記入して、横方向の積を求め、その機能分野の重要度とします。機能分野の比較回数が少ないため作業量が少ないことと比較数値が自由な点が優れています。しかし、先に比較した分野の重要度が後の分野の重要度に与える影響が大きい欠点があります。

1対評価表には、このDARE法以外にもAHP法というものもあります。AHP法とはAnalytic Hierarchy Processの略です。

図表4-11　1対評価法（DARE法）

	F1	F2	F3	F4	F5	積	対F1比	全体比
F1	1.0	1.0				1.0	1.00	0.20
F2		0.5	1.0			0.5	0.50	0.10
F3			0.8	1.0		0.8	0.40	0.08
F4				4.0	1.0	4.0	1.60	0.31
F5					1.0	1.0	1.60	0.31

この方法はすべてを直接比較するため比較の漏れがないことと比較数値に幅がある点が優れています。しかし、比較項目が多い場合は計算がかなり煩雑になり、手軽に使えない点に難があります。興味がある方は文献などを見てください。

②目的に対する影響度を直接見積もる方法

小型化、軽量化、低コスト化といった改善を行う目的の場合は、システムの構成から、その目的に対する影響度を直接見積もることができます。

例えば、湯沸かしポットで30%軽量化を目的とした場合、予めユニット毎の重量を把握できていることが多いので、特性要因図で**図表4-12**に示すようにユニットごとの重量が重たいものから優先順位を決めて取り組み計画を考えることができます。この場合の特性要因図のパラメータも重量に関係する部品などのパラメータを抽出することになります。

また、より網羅性を上げて系統的に見ていきたい場合は、機能系統図を用います。**図表4-13**に湯沸かしポットの軽量化の例を示します。機能系統図は、部品構成表を元にしているので、網羅的系統的検討ができます。時間がない場合は、機能系統図でなくとも直接部品構成表などで優先度を判断しても良いのですが、軽量化の検討段階で、同じ機能を実現する他の手段を調査したり、TRIZなどで発想することができるので、機能を知っておくのは参考になります。

また、機能系統図を使う場合は、一律にすべての機能を下位層まで展開するのではなく、次章の図表5-4にも示すように、優先度の高いものについては下位層まで展開して、その影響度を記載しながら検討を行うことができます。

（2）リスクの大きさの視点

製品や工程の不具合の検討や設計変更の優先度などを判断したいときには、リスク視点での優先度判断が役に立ちます。**リスクの定義は簡単にいうと、「危害の影響度」×「危害の発生の確率」で表せます。**これを覚えておくと、リスクの大きさを評価して、リスクの高いものから手をつけることができます。

リスクについては第9章「リスク回避ソリューション」で詳細に説明していますので、そちらを参考にしてください。

図表 4-12 特性要因図を用いた目的に対する影響度評価

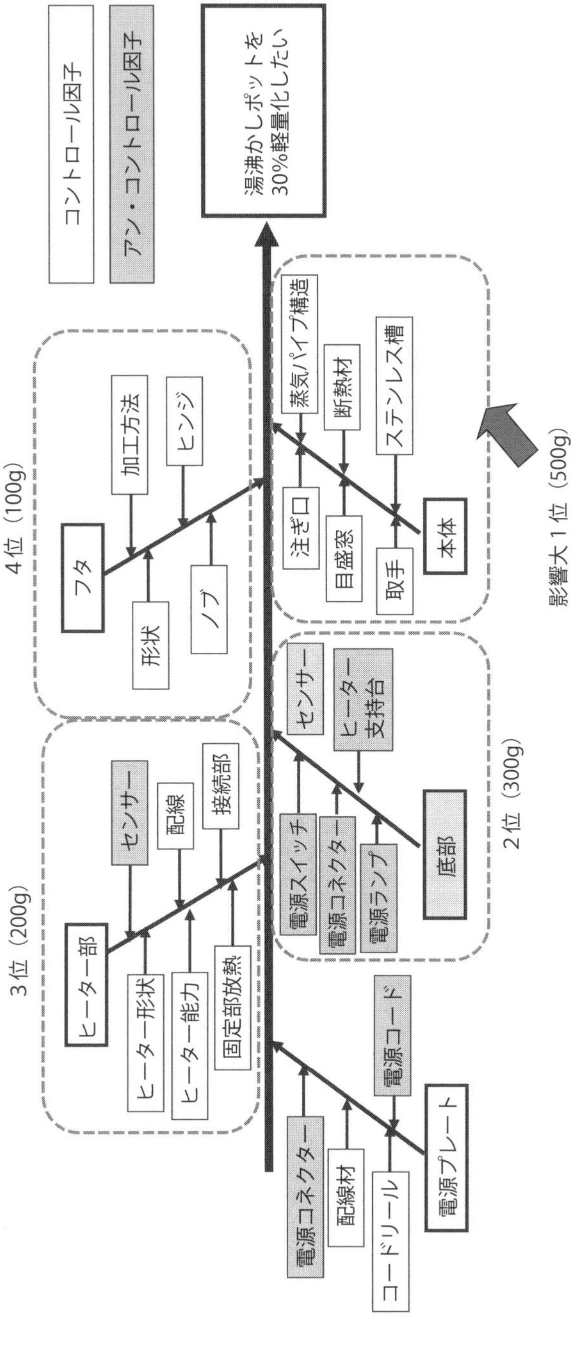

```
コントロール因子
アン・コントロール因子
```

目的:湯沸かしポットを30%軽量化したい

影響大 1位 (500g) — 本体
 ・蒸気パイプ構造
 ・断熱材
 ・ステンレス槽
 ・注ぎ口
 ・目盛窓
 ・取手

2位 (300g) — 底部
 ・電源スイッチ
 ・電源コネクター
 ・電源ランプ
 ・センサー
 ・ヒーター支持台

3位 (200g) — ヒーター部
 ・ヒーター形状
 ・ヒーター能力
 ・固定部放熱
 ・接続部
 ・配線
 ・センサー

4位 (100g) — フタ
 ・形状
 ・ノブ
 ・加工方法
 ・ヒンジ

電源プレート
 ・電源コード
 ・コードリール
 ・配線材
 ・電源コネクター

第4章 課題設定ソリューション

製品開発は"機能"にばらして考えろ

図表4-13　機能系統図を用いた目的に対する影響度評価

```
                          ┌─ フタは本体を開閉する
                          │  4位　100g
                          ├─ 底部はヒーター部と本体
                          │  を接続する
                          │  2位　300g
                          ├─ ヒーター部は
    湯沸かしポット ────────┤  ステンレス槽を加熱する
    は水を沸かす           │  3位　200g
                          │
                          │  ┌─ 本体ケースはステン
                          │  │  レス槽の熱を保温する   250g
                          │  │
                          │  ├─ ステンレス槽は水
                          └─ 本体は沸騰 ──┤  (湯)を蓄える       150g
                             したお湯を  │
                             保温する    ├─ 断熱材はステンレ
                             1位　500g   │  ス槽の熱を保温する   50g
                                         │
                                         └─ 蒸気パイプは沸騰
                                            時沸騰センサーに    50g
                                            伝える
```

影響大

（3）コストの視点

　コストの視点は、前述したような金額そのものの大きさによる判断ではなく、VE（バリュー・エンジニアリング）やTOC（制約理論）のコストダウンの考え方を反映させた方法となります。

　湯沸かしポットの基本機能から機能重要度を決めて、それを機能コストFに置き換えます。ここで機能コストFとは機能重要度とターゲット・コストの掛け算をして機能をコストに変換したものです。ここで価値Vは現行コストCと機能コストFからV＝F/Cで求められます。価値Vが低いも例えば「フタ」から、優先的に湯沸かしポットのコストダウンをVEの視点で行います。つまり、機能が低い割にコストが高いものは価値F/Cが低くなり、コストダウンの対象として優先度は高くなります。

　コストの優先度を決めるのに、時間的な検討もできます。例えば、工場の工程のコストダウンでは工数からコストを算出し、工程の機能を考え、機能が低い割

にコストが高いものからコストダウンの対象として優先度は高くなります。

　工程の場合は個別工程の低コスト化はVEの考え方で良いですが、マクロ的に複数の製品の流れを考慮したいときには、TOC（制約理論）の考え方を入れる場合があります。各工程の能力を調べ、工程のボトルネックに着目して、その流れが滞らないように、周辺の条件を従わせて、そのうえでVEの考え方でネック工程の改善を行います。詳細については、第6章「コストダウン　ソリューション」を見てください。

> **ポイント**
>
> ◆ 優先度を顧客の要求の強さ、競合他社の状況により決める場合は、QFDやSNマトリックスを使う。
> ◆ 優先度を目的に対する影響度により決める場合には、機能の重要度判定や小型化、軽量化、低コスト化の影響を特性要因図や機能系統図で見積もる。
> ◆ 優先度をリスクの大きさにより決める場合には、目的により安全リスク、品質リスクを決め、「危害の影響度」×「危害の発生の確率」で評価する。
> ◆ 優先度をコストの視点で決める場合には、VE（バリュー・エンジニアリング）やTOC（制約理論）のコストダウンの考え方を使う。

Column

「範囲と優先度の視点」は効率化の第1歩

　課題設定ソリューションは、開発を始めるに当たって、最初に準備すべきことを整理するといいましたが、課題設定と同じように、「範囲を決める視点」と「優先度を決める視点」は頭に中に入れておくと、いろいろな問題に直面した時の頭の整理方法として使えます。

　よく会社の悩み相談で見かける案件は、工数や時間の制約があるにも関わらず、やることがいっぱいある時の優先度決定です。

　例えば、膨大な数の過去の品質トラブル・データを整理したい時には、優先度の視点で「リスクの視点」が使えます。発生頻度と影響度でデータを分けて見るわけですね。

　また、実験のパラメータやデータがたくさんある場合に効率的に実験を行うのには、どんな観点で絞れば良いかという相談も多いです。

　これも、まずは実験やデータ処理の目的を聞かせてもらって、目的に応じて空間か時間か、優先度は機能の重要度か、リスクか……といった具合に整理をしていきます。

　私たちのようなコンサルタントにとっても、範囲と優先度は、効率化するための大きな判断基準になるわけです。反対にいうと、皆さんがこれを身に着ければ、コンサルタントに頼らなくても判断ができるようになるでしょう。

　是非、ここで紹介した多くの視点を目的に応じて柔軟に使えるようにしておいてください。

第5章
早期原因究明ソリューション

　皆さんは開発や製造現場でさまざまな原因分析を行う場面に直面すると思います。原因分析を行い、根本原因を究明できれば、開発の仕事はほぼ終了したといっても過言ではないといわれるくらい重要な業務です。

　しかしながら、筆者もそうでしたが、原因分析で思ったように原因究明ができることは少なく、原因の検討に漏れがあったりして、もぐらたたき状態に陥ってしまうケースも多くあります。また、原因分析は「なぜなぜ分析」ともいわれ、「なぜを5回繰り返せ」という言葉もよく聞きます。繰り返すことで、より深い原因を分析していくことは重要ですが、それだけでは網羅的な分析はできません。ここでは、科学的アプローチを駆使して、いかに論理的に合理的に原因分析を行うかについて説明していきます。

5.1　原因分析の基本的な考え方

　原因分析といってもさまざまなプロセス、さまざまな事象がありますので、1つの進め方ですべてOKというわけにはいきませんが、本書では、目的に合わせて確実に進めるためのやり方を紹介いたします。

　原因分析を行うに当たって、まずはその原因分析の目的は何か？を考えてみます。大きく分類すると以下のような原因の分析になります。

　①期待する機能が動作しない原因
　②機能を強化すると出てきた副作用の原因（熱、音など）
　③小型化、軽量化、低価格化などの改善の障害原因

次に原因分析を行う対象のシステムはどんなものかを把握したうえで、範囲を設定します。どの範囲で原因を調べるかは、主に下記のようになります。
①空間的なシステム範囲（ハードウェア・システム）
②時間的なシステム範囲（工程、プロセス）
③空間と時間を併用したシステム範囲
この目的と範囲によって原因分析のアプローチ方法が変わります。

（1）期待する機能が動作しない原因分析

システムが本来持っている機能が動作しない場合の不具合では、**システムが動作しない不具合の原因は、そのシステムを構成する部位のどこかにあります。したがって、機能の最上位層から順番に機能が動作しない原因を下位層のどの部分の機能不全によるものかを分析していきます**（**図表5-1**）。この場合原因の記述は、本来期待する機能が「SがOに□□のようにVする」であった場合に、「SがOに□□のようにVできないから」というように、機能の否定的な表現となります。

このように機能系統図を元にして原因分析を行うやり方を、機能的原因分析といいますが、机上で単純に機能を否定していくといっても、下位層のどの部分の機能が不全または低下しているかが、明確にわからない場合もあります。この場

図表5-1　期待する機能が動作しない原因分析

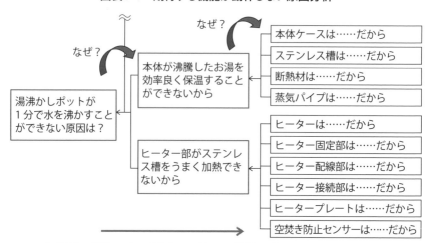

上位層の機能不全の原因は下位層の機能不全にある

合は「〜かもしれない」と推定の表現となります。**原因分析では「事実」なのか「推定」なのかは非常に重要であるため、推定原因と思われるものには、記述した横に「(推定)」と書いておくのがよいでしょう。**

(2) 機能を強化すると出てきた副作用の原因分析

開発者は通常はシステムの機能をできるだけ強化しようと設計します。しかし、機能を強化した設計をしたために、期待していない副作用が出る場合があります。最終的にそれが不具合事象となってシステムで発生します。

例えば、湯沸かしポットでヒーターやステンレス槽の設計をできるだけ熱効率の良い形に設計した場合に、加熱時の予期せぬステンレス槽の変形と固定部材との関係で異音が発生してしまうことがあります。

このような原因分析は、**本来の機能の不全ではないので、原因の記述は機能S＋V＋Oの否定形ではありません。しかし、その原因はシステムの構成上の下位層で発生する副作用の連鎖によるものですので、この場合も、図表5-2②に示すように、機能表記の主語Sを活かしながら、副作用を生成する原因を下位層に向けて探っていくことになります。**

図表5-2　さまざまな目的別原因分析

①本来機能の喪失の場合

| 湯沸かしポットが1分でお湯を沸かせない原因は？ | ← | 本体が沸騰したお湯を効率良く保温することができないから |

このあと、原因は機能系統図の機能Vが動作しない展開

②副作用の増大の場合

このあと、原因は機能系統図の主語と副作用を参考にしながら展開

③改善の障害がある場合

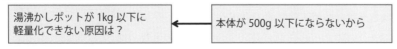

このあと、原因は機能系統図の主語と副作用を参考にしながら展開

（3）小型化、軽量化、低価格化などの改善の障害原因

これまでに(1)、(2)で説明した原因分析の目的は品質不具合の対処で、確実に不具合を取り除くことが目的の原因分析でした。しかし、原因分析の中には現状よりも改善を促す原因分析もあります。例えば**小型化、軽量化、低価格などを目的として、その改善レベルが目標に達しない場合の原因分析**です。

図表5-2③は湯沸かしポットが軽量化できない障害の原因を分析する例です。軽量化の場合は、ユニットごと、部品ごとの重量も予め把握できている場合が多いので、重量のあるユニットから優先的に、下位層深くの部品、材料レベルまで原因分析を進めます。

（4）空間的原因分析と時間的原因分析

対象とするシステム構成と不具合の内容によって、例えば**図表5-3**に示すように、湯沸かしポットの機構に起因する不具合の分析であれば、空間的機能分析を行って、工場で組み立てる際に発生した不良の原因分析であれば、時間的機能分析を行います。

時間的原因分析では機能系統図の上から下へ時間の流れがありますので、不具合が発生した時点からの原因分析は時間を遡って下流から上流へ分析します。空間と時間のどちらの原因分析を行うかは、分析対象のシステムの特徴や目的によって判断します。

一般には複雑な構成のシステムや空間的配置が原因となりうるような物の分析には空間的原因分析を使い、製造工程、シンプルな構成の物の操作やシーケンス的な動きの順番や過去に行った作業や行為が原因となりそうなプロセスの分析には時間的原因分析を行います。

（5）空間的原因分析と時間的原因分析の範囲設定

原因分析の範囲を決める場合には、図表5-4に示すように、空間の場合も時間の場合も機能系統図の階層の深さで決めます。階層がユニット・レベルから部品レベル、材料レベルになるほど深い原因分析になります。これは「課題設定ソリューション」で説明した取り組み範囲と同じです。ただし、注意しなければな

図表5-3 　空間的原因分析と時間的原因分析

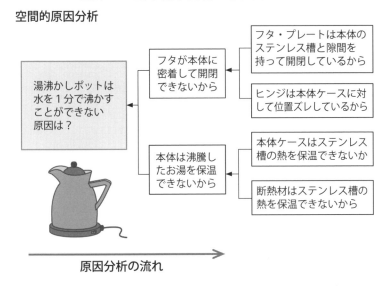

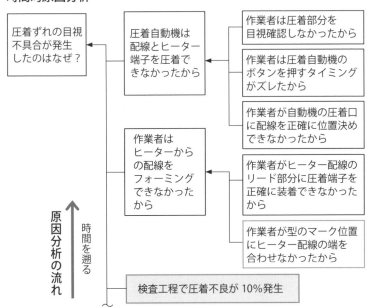

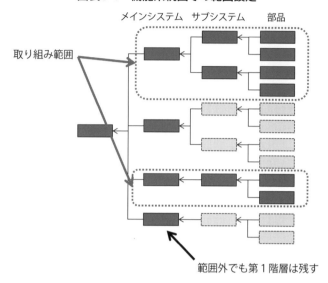

図表5-4　機能系統図での範囲設定

らないのは、**原因分析で対象範囲を外した部位、プロセスについては、第1階層のユニットまでは残しておくこと**です。これはこの後の原因分析で、もし対象範囲に原因がなかった場合でも、「原因分析ロジック・ツリー」の起点に戻ることもあるからです。最初は対象外としても、その後の検討で、対象として加えることができるように第1階層は残しておくわけです。

どこに手をつけて、どこが手をつけていないのかを、関係者で共有するためにも原因分析ロジック・ツリーを作りましょう。

（6）原因分析のステップ

原因分析を進める手順は、空間も時間も同じで下記のようになります。
① 分析の範囲を機能系統図の上位層で決め、対象範囲の階層まで機能系統図を作成する。
② 分析の全体像を原因分析ロジック・ツリーで表す。
③ 推定原因を検証する（1対比較法[1]、実験計画法、品質工学、統計処理、調査など）。
④ 推定、仮説の検証を行い、原因分析ロジック・ツリーを完成させる。

⑤不具合事象を論理的に解消できる根本原因を特定する。

この中で**一番の中核になるのが②の原因分析ロジック・ツリー作成になります。**以下、各ステップの内容について説明します。

> **ポイント**
>
> - システムが動作しない不具合の原因は、そのシステムを構成する部位のどこかにあるので、機能の最上位層から順番に機能が動作しない原因を探る。原因記述では「事実」「推定」を明確にし、推定原因には（推定）と書く。
> - 副作用による不具合の原因は、機能表記の主語Sを活かしながら下位層に向けて分析を行い、小型化、軽量化などの改善目的の原因分析は、機能系統図に従って目的に対する影響度を上位層から見積もり分析する。
> - 「時間的原因分析」では機能系統図の上から下へ時間の流れがあるので、不具合発生時点から時間を遡って下流から上流へ分析する。
> - 原因分析の範囲は機能系統図の階層の深さで決める。ただし、対象範囲を外した部位でも、第1階層部分は残しておく。
> - 原因分析のステップの中で一番の中核になるのが原因分析ロジック・ツリーの作成である。

5.2　原因分析ロジック・ツリー

原因分析の中核になる原因分析ロジック・ツリー作成について具体的に事例を使いながら説明します。

（1）機能系統図の作成

機能系統図は先に説明したように、空間的分析と時間的分析があります。空間的分析は部品構成表から作成、時間的分析は工程表またはフロー図から作成しま

す。このときに**原因分析対象としては対象システムすべてを上げるようにして、この段階では、思い込みで絞らないように注意してください。**

機能系統図は基本的には部品構成表、工程表をベースとして作成しますが、目的によっては図面よりも詳細に行うこともできます。

例えば、**図表5-5**に示すように、部品の一部に原因分析が及ぶと思われる場合には1つの部品を細かく割ります。例えば渦巻き状のヒーターの中心部と外周部の振る舞いが異なりそうな場合です。また、時間的な分析も細部に渡って行いたいときにはビデオで動きを撮影して、コマごとに時間を切り出すこともできます。例えば、ヒーターの固定状態が時間毎の工具の扱い方で変わるような場合です。

また、**機能系統図で機能を強化すると現れる副作用についてもメモをしておきましょう。この副作用とは機能を強化すればする程出てくる期待しない作用の**ことです。例えば湯沸かしポットでは、ヒーター部の機能は「効率良くステンレス槽を加熱する」ですが、この機能を上げようとすると、大電力が必要になり、ヒーター部分の専有体積が増えるといった副作用が出てきます。これは本来期待していないものですから、先の説明した副作用の原因分析に役立ちます。この副作用はリスク予測でも使うことができます。

図表5-5　空間的機能分析と時間的機能分析の細分化

空間細分化の例：1部品のヒーターの部位を分割

時間細分化の例：1工程の組み立て作業を秒単位で分割

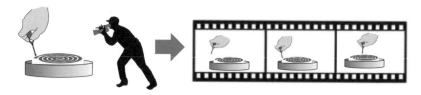

(2) 原因分析ロジック・ツリーの作成

　機能系統図を作成したら、それに沿って原因分析を被せて原因分析ロジック・ツリーを作成します。

　この原因分析ロジック・ツリーには**推定原因が含まれてもよく、その全体が原因分析の「地図」といってもよいくらい重要なものです。この後の推定原因の検証作業で、検証できなかった場合も、この地図に戻って、ほかの系統の原因を探っていきます。**

　機能に従って原因の記述ができたら、その原因が事実か推定か**図表5-6**に示すように追記しましょう。机上で原因分析ロジック・ツリーを記載した場合には、原因が事実として確認が取れていない場合は「（推定）」と記載してください。推定原因については、この後に検証していく作業が入ります。検証で原因を絞り込んだら、原因分析ロジック・ツリーに戻って修正を加えます。原因と思っていた部位にその事象が確認できなかった場合も、原因分析ロジック・ツリーに戻って、分析範囲を見直します。

(3) 原因分析ロジック・ツリーのチェック

　原因の記述ができたら、自己流の表現になっていないかを確認しましょう。

図表5-6　原因分析ロジック・ツリーの例

```
湯沸かしポットが          本体が沸騰したお湯を      ┌ 本体ケースは……だから
1分で水を沸かすこと  ←  効率良く保温すること   ←│ ステンレス槽は……だから
ができない原因は？        ができないから            │ 断熱材は……だから（推定）
                                                    └ 蒸気パイプは……だから
                                                    
                          ヒーター部がステンレ      ┌ ヒーターは……だから
                       ←  ス槽をうまく加熱でき   ←│ ヒーター固定部は……だから（推定）
                          ないから                  │ ヒーター配線部は……だから
                                                    │ ヒーター接続部は……だから（推定）
                                                    │ ヒータープレートは……だから（推定）
                                                    └ 空焚き防止センサーは……だから
         なぜ？                        なぜ？
```

製品開発は"機能"にばらして考えろ

例えば、湯沸かしポットのフタのヒンジにおいて「ヒンジ枠AがヒンジBを保持できない」、ヒンジが外れやすい不具合が発生したとします。その場合の原因として、

①「ヒンジBの接着剤が弱かったから」

②「ヒンジ枠Aに不具合があったから」

という表現はどうでしょうか？ これらは一見、原因としては正しいように見えますが、実は曖昧な表現といえます。機能的な原因分析 を行うと下記①、②のような表現になります。

①「接着剤はヒンジ枠AとヒンジBを十分な強度で接着できなかったから」
　→目的語（O）を明確にしたことでヒンジ枠Aの原因にも目が向きます。

②ヒンジ枠Aの溝が接着剤を保持できなかったから
　→「不具合」という表現は曖昧で誰もが同じ不具合をイメージできません。
　このような自己流の表現を避けるために、次のようなチェックをしてみましょう。

◆ **なぜなぜ分析10のチェックリスト**

①原因の文章で全員が同じ事象を描けるか？

②原因の文章は1つで、複数の原因を併記していないか？（1原因1文章とする）

③論理的なつじつまが合っているか？

④「○○がないから・・」という表現はないか？（現在のシステムにないもの⇒「あればいいな」という願望）

⑤対象システムの外に原因を求めていないか？（人の要因、法規制やルールを原因にしていないか？）

⑥コスト、価格を理由にしていないか？（例：コストが上がるから）

⑦記載内容が事実、観察された事象に基づいて書かれているか？

⑧原因のAND、ORは明確か？（原因がすべて揃わないと起きないのであればAND）

⑨複数の推定原因はORでぶらさげて、推定として明記しているか？

⑩機能的に細部に下っているか？（順番が逆転していないか？）

> **ポイント**
> - 機能系統図は基本的には部品構成表、工程表をベースとして作成するが、目的により図面よりも詳細に分割して機能を検討する。
> - 機能系統図で機能を強化すると現れる副作用についても記録する。この副作用とは機能を強化すればするほど出てくる期待しない作用のことである。
> - 原因分析ロジック・ツリーには推定原因も入れて、原因分析の「地図」とする。後で推定原因の検証作業の結果、検証できない場合もこの地図に戻る。
> - 原因の記載をしたときには、「なぜなぜ分析10のチェックリスト」を使ってチェックを行い、論理的な分析になっているかを確認する。

5.3 推定原因の検証

　原因の記述が完成したら、「推定原因」の検証を行います。推定原因の検証法としては、以下のようなアプローチ方法がありますので、システムの状況、現在までの検討状況などを参考に最適な方法で検証してください。
　(1) 上位の原因を根本原因とする方法
　(2) 観察された事実から1対比較法を使って絞り込む方法
　(3) 実験計画法により実験で主要因を絞り込む方法
　(4) 品質工学のMTシステムにより主要因を絞り込む方法
　(5) 統計的手法、品質工学T法を用いて主要因を絞り込む方法
　　以下に各検証方法について順に説明していきます。

(1) 上位の原因を根本原因とする方法

　推定原因が事実かどうかを確認するのが技術的に難しい、または事実の究明に膨大な時間がかかりそうな場合には、推定原因の上位層の原因を根本原因とする

方法があります。これは推定原因の検証というよりも、推定原因のいずれかが根本原因となったときのリスク対策的な対処方法といえます。

(2) 観察された事実から1対比較法[1]を使って絞り込む方法

原因分析で推定原因が複数あるときに、事実を見ながら論理的に絞り込みをかけていく手段で、以下のような場合に使えます。

①問題事象が複雑で、情報が錯綜しており、問題事象が何であるかが、明確にわからない場合

②問題事象と関連して観察された複数の事象があり、その事象から複数の推定要因が想定され、追加の情報の収集を効果的に行いたい場合

③チームやグループで問題解決を行う時に、多くの意見、観察結果が存在し、コーディネーターの資質や参加者の力関係で解決の方向が左右されるリスクが想定され、論理的に問題を整理したい場合

1対比較法の特徴は、似たものによる比較分析でノイズを極力とった原因分析を行うことと、起こった事だけでなく起きていない事にも注目する点です。図表5-7の事例で説明します。

もし、あなたの家で電灯が消えたとします。あなたは隣近所の家を見て、電灯が点いているか否かで、地域の停電なのか、自分の家だけの停電なのかを判断し

図表5-7　1対比較法の原因分析

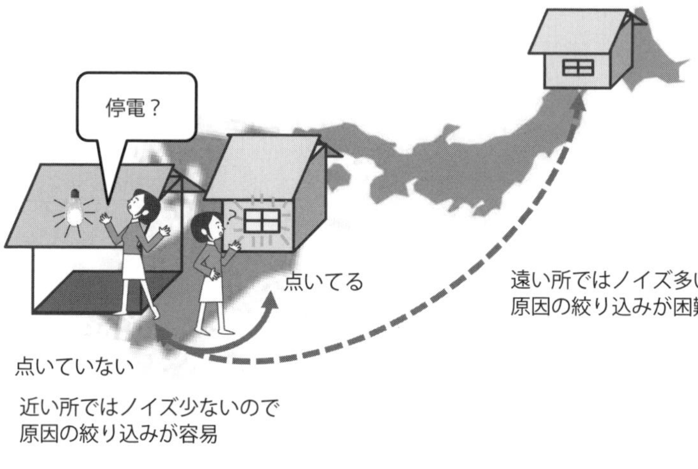

停電？

点いてる

点いていない

近い所ではノイズ少ないので
原因の絞り込みが容易

遠い所ではノイズ多いので
原因の絞り込みが困難

ますね。隣の家で停電が起きていないことに着目するわけです。そしてこの比較対象が、遠く離れた地域になる程、あなたの家の地域との違う環境などのノイズも多くなって、原因特定が難しくなります。

1対比較法の原因分析は、まず、問題を定義し、比較対象を決め、その特徴を抽出して、原因を推定して行きます。以下に1対比較法を使った原因分析の大まかな流れを説明します。

①比較対象を決める

比較対象は、問題対象と近い（似ている）ものを多く挙げる程、ノイズが減って、原因分析の精度が上がります。遠いものだけで比較すると、原因分析が困難になりますので、注意しましょう。

（例）湯沸かしポット圧着設備で1号機と3号機で不具合事象を比較

②問題と比較対象の違いを事実で整理する。

（例）圧着設備1号機ではキズが発生。3号機ではキズは発生しない

③上記から考えられる原因は何かを推定する

書き出された事実を見ながら、原因を絞り込んで行きます。

以上のように、1対比較法を使うと今までに得られた多くの事実を使って、複数ある原因仮説の中から原因を絞り込むことができるようになります。

（3）実験計画法により実験で主要因を絞り込む方法

実験計画法は複数ある原因を実験のパラメータに置き換え、パラメータを変えた実験を行うことで、パラメータの要因効果を効率的に求めていく方法です。実験のパラメータを決めるには、課題設定ソリューションで紹介した、特性要因図を用いて実験で水準を振るパラメータを決めてください。

次にパラメータの組み合わせを直交表で決めます。特定の組合せですべての組合せの多元配置と同じ効果を出すために考えられたのが直交表です。

図表5-8は湯沸かしポットを1分以内に加熱できない原因を詳細に調べるに当たって、抽出した要因パラメータをL18の直交表で実験計画を立てたものです。この後に実験を行うことで、各パラメータの要因効果を把握することができます。特性要因図で紹介した開発者がコントロールできるパラメータを制御因子、アン・コントロールのパラメータを誤差因子（ノイズ）と置いて、品質工学を使っ

図表5-8 湯沸かしポットの要因効果を見るための実験計画

湯沸かしポットのパラメータと水準

要因	水準 1	水準 2	水準 3
A：ヒーター電力	大	小	—
B：ヒーター面積	大	中	小
C：ヒーター間隔	大	中	小
D：電力投入時間	長い	中間	短い
E：ステンレス槽厚み	○mm 以上	△mm 以上	□mm 以上
F：水の容量	大	中	小
G：断熱材厚み	大	中	小
H：断熱材種類	ガラス繊維	ウール	真空断熱材

直行表 L18

実験No	A	B	C	D	E	F	G	H
1	1	1	1	1	1	1	1	1
2	1	1	2	2	2	2	2	2
3	1	1	3	3	3	3	3	3
4	1	2	1	1	2	2	3	3
5	1	2	2	2	3	3	1	1
6	1	2	3	3	1	1	2	2
7	1	3	1	2	1	3	2	3
8	1	3	2	3	2	1	3	1
9	1	3	3	1	3	2	1	2
10	2	1	1	3	3	2	2	1
11	2	1	2	1	1	3	3	2
12	2	1	3	2	2	1	1	3
13	2	2	1	2	3	1	3	2
14	2	2	2	3	1	2	1	3
15	2	2	3	1	2	3	2	1
16	2	3	1	3	2	3	1	2
17	2	3	2	1	3	1	2	3
18	2	3	3	2	1	2	3	1

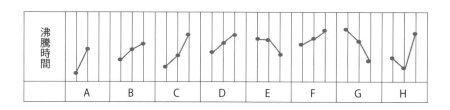

て環境の変化などの影響も考慮してより正確な要因効果を求めることもできます。

（4）品質工学のMTシステムにより主要因を絞り込む方法

品質工学のMTシステムとは、正常な集団または定常状態（＝均一な集団）を判断基準とし、状態が未知のサンプルの正常集団からの離れ具合を定量評価するものです。**図表5-9**に示すように多要素（多変量）からなる現象について、正常状態あるいは定常状態のデータ群を収集して空間を作成します。これは「基準空間」あるいは「正常空間」とも呼ばれます。次に、任意の対象についてこの空間からの距離（マハラノビス距離）を計算します。距離が小さければ正常、大きければ異常と判定します。

マハラノビスの距離は多くの要因からなる多次元での標準偏差のような値を要因ごとの相関関係も考慮しながら求めたものです。MTシステムには多くの種類がありますが、ここでは、原因分析で使うMT法について説明します。

図表5-10に示すように、**複数の要因からなる不具合の原因分析を行う場合には、不具合の集団を異常集団とし、定常の合格品の集団を正常集団と置くことで、不具合集団と正常集団とがそのような要因要素によって離れるのかを評価します。この結果を使って原因分析を行います。**

これは工程のさまざまな要因により、工程出荷検査でNGになってしまう場合の原因を絞り込む例です。OK品の集団を基準として、NG品の集団のマハラノビスの距離を求めます。この時にマハラノビスの距離、すなわちOK品の集団とNG品の集団の距離が離れ度合いを、要因パラメータの採否で決めます。

多くの要因パラメータの採否の組み合わせを直交表で組んでマハラノビスの距

図表5-9　MTシステムの概念

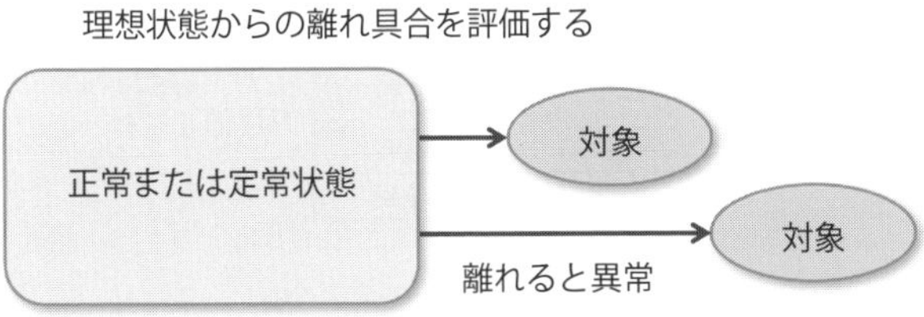

理想状態からの離れ具合を評価する

図表5-10　MTシステムを使った工場のNG品の原因分析事例

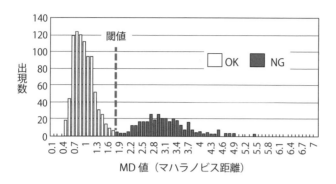

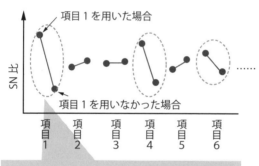

項目1の使用により、SN比（判別精度）が向上

1：その項目を採用する
2：その項目を採用しない

パラメータを採用する／採用しないをさまざまな項目を組み合わせ、複数のマハラノビス距離MD値を求める。

離を計算すると、要因効果図が得られ要因を絞り込めます。要因として効果のないパラメータは取り除き、OK品とNG品のマハラノビスの分布がより鮮明に分離する条件を求めます。このように工程の既存のデータ（生産時の製品1個1個を製造した時の要因パラメータ）を元にMT法を使うことで主原因を特定することができます。

（5）統計的手法を用いて主要因を絞り込む方法

製品や工程の結果を表す特性を出力とし、**原因となるパラメータを入力として入力と出力の関係を統計的に分析することにより、出力への入力の影響度を知ることで、要因を絞り込むこともできます。**

統計的な手法の代表的なものとして以下のようなものがあります。
①相関分析：出力と特定の1つの要因との関係性を評価する
②回帰分析、T法＋実験計画法：複数のパラメータを変数として出力との関係を求める
③分散分析：出力とパラメータの関係を求めるのに、パラメータ間の相互作用や計測誤差などが含まれ、判別しにくいときに分散の考え方を使って要因効果を求める

上記手法については、「第8章　実験評価効率化ソリューション」で説明していますので、そちらを参照ください。

（6）推定、仮説の検証を行い、原因分析ロジック・ツリーを完成させる

さまざまな方法を使って**推定原因の検証ができたら、最初の原因分析ロジック・ツリーに戻って、新たな要因特定状況を追加し、関係者全員で共有しましょ**う。原因検討中に、新たな事実、原因が見つかった場合には原因分析ロジック・ツリーに加えて原因対策方針に変更がないか確認します。

> **ポイント**
>
> - 1対比較法は、推定原因が複数ある時に、事実を見ながら論理的に絞り込みをかけていく手段。似た物による比較分析でノイズを極力とった原因分析を行う。
> - 実験計画法は複数ある原因を実験のパラメータに置き換え、パラメータを変えた実験を行うことで、パラメータの要因効果を効率的に求めていく方法である。
> - 複数の要因からなる不具合の原因分析を行う場合には、不具合の集団を異常集団とし、定常の合格品の集団を正常集団と置くことで、MT法で集団の違いを評価できる。
> - 原因となるパラメータを入力として入力と出力の関係を統計的に分析することで、出力への入力の影響度を知って要因を絞り込むことができる。
> - 推定原因の検証ができたら、原因分析ロジック・ツリーに戻って、情報を追加し、関係者全員で共有することで、ロジック・ツリーに無理がないか確認する。

5.4 根本原因の特定

原因分析ロジック・ツリーが完成したら、**図表5-11**のように原因分析ツリーの論理的関係から根本原因を特定します。

根本原因とは、中核問題とも呼び、その事象を除いたら、最上位の問題事象が論理的になくなる原因のことです。根本原因は複数あることも多くあります。

根本原因を特定する前に以下のことを必ず確認してください。

①逆から読み返しても（原因を遡っても）つじつまが合っているか？

②並列に掲げたORで繋げた原因がすべて発生しなったら、その前の原因は発生しないか？（ANDとORの論理の違いにも気をつける）

③最後に根本原因が最初の不具合を発生させないかも遡って確認する。

　根本原因を決めたら、上記①、②を確認しながら順番に上層の原因をトレースして最初の技術問題、障害が取り除かれるかを検証します。

　根本原因が特定されたら、それをどのような方法でいつまでに解決するかの計画を立ててください。

　問題解決方法としては、TRIZを使ってのアイデアによる解決方法もありますし、実験計画法などを使って最適設計条件を求めていくやり方もあります。日程、設計変更の可否などを考慮して計画を立ててください。

図表5-11　根本原因の特定（原因分析ロジック・ツリー）

根本原因とは、それを取り除いたら上位の問題事象が解決できるもの

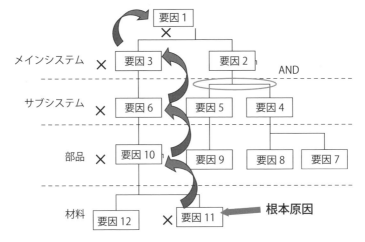

> **ポイント**
> - 根本原因とは、その事象を除いたら最上位の問題事象が論理的になくなる原因のことである。
> - 根本原因を決めたら、原因分析ロジック・ツリーを順番に上位階層へトレースして最初の技術問題、障害が取り除かれるかを検証する。
> - 根本原因が特定されたら、それをどのような方法で、いつまでに解決するかの計画を立てる。

Column

原因分析にこそ設計図（地図）を！

　開発者の大部分の仕事ともいえる原因分析。膨大な事実、膨大な実験……これらから、論理的に原因を紐解いていくのは、なかなか難しいですね。

　「紙に書いたようにできるのだったら、苦労はしない」とよくいわれます。

　私も現場に居たときは、そうでしたが、「明日までに対策しないとラインが止まる！」と工場長に怒られたら、目の前にある事実から、できるだけ確度の高そうな要因に絞り込んで、イチかバチかとにかく対策を打つ……というのが現実でした。

　しかし、神は味方してくれないことが多いです。しばらくしたら、また不具合が発生する。こんな「モグラたたき状態」に陥ることはよくありました。そのような状況下で「科学的手法を使って、急がば回れ」とはなかなかいえないし、勇気も必要ですよね。それでも、開発者だったら設計図を書くように、せめて原因分析の設計図、原因分析ロジック・ツリーは最低でも作って関係者で共有することを薦めます。

　設計図があれば、原因がわからなくなって混沌としたときにも戻れます。

　また、設計図は新たなことがわかったら改訂しますね。原因分析ロジック・ツリーも同じように改訂します。

　設計図に基づいて仕事をするのが開発者ですから、原因分析だけは図面は不要と思わないほうが良いです。原因分析ロジック・ツリーを書くのを習慣にしてしまいましょう。

参考文献

（1）ソリューションプロセス研究所、稲崎宏治「問題解決法論における二つの秘訣」2008年12月20日　公益社団法人　日本技術士会ホームページ
　　https://www.engineer.or.jp/c_topics/000/attached/attach_119_4.pdf

第6章
コストダウンソリューション

　コストダウンというと「高いものから削れ！」と思っている皆さん、コストダウンの進め方にも科学的アプローチを行うための、代表的な考え方があります。また、コストダウンも目的によりアプローチ方法が変わります。

　本章では、機能を中心としてコストダウンの基本的な考え方となるVE（Value Engineering：「価値工学」以下、VE）のアプローチとTOC（Theory of Constraints：「制約理論」または「制約条件の理論」以下、TOC）のアプローチ方法について紹介して、実際の場面で役立てていただきます。

　VEやTOCについては本書では概念と基本的な考え方のみ解説をしています。詳細は専門書をご覧ください。

6.1　コストダウンの基本的なアプローチ

　VEは、製品やサービスの顧客にとっての価値を、それが果たすべき機能とそのためにかけるコストとの関係で把握し、システム化された手順によって価値の向上を図る手法です。機能ごとの**コストを求めることで、機能が低い割に、コストが高くなっているものから、コストを削減する優先順位を決めるという考え方**です。要するに、作り手側の思考で単純に高価な物から削って、**機能の悪化を招き、「安かろう、悪かろう」を作ることを避ける考え方で、顧客にとって価値のあるコストダウンを目指す考え方**です。

　TOCとは、営利企業共通の目的である「現在から将来にわたって儲け続ける」というゴールの達成を妨げる制約条件（Constraints）に注目し、企業内共通の目

標を識別し改善を進める事によって企業業績に急速な改善をもたらします。すなわちTOCとは企業収益の鍵を握る「制約条件」にフォーカスする事によって、最小の努力で最大の効果（利益）を上げる手法です。**全体最適を狙って、いろいろ対策をしても、流れのネックになる所が1カ所あれば、全体のコストはそれに左右されます。その流れのネック、お金になるアウトプットのネックを見つけて対処していく考え方です。**

（1）VEのアプローチ

VE（Value Engineering）とは、機能とコストのバランスを見ながらコストを下げる考え方ですので、まずはシステムの機能に着目します。**顧客が製品やサービスを購入するのは、その製品やサービスそのものを求めているのではなく、その製品やサービスを買うことによって得られる効用と満足を求めています。そのような顧客視点の考え方で製品やサービスが果たす機能に着目する訳です。機能は機能系統図で表します。**

次に**図表6-1**に示すように、湯沸かしポットの機能の重要度Fを決めて、コス

図表6-1　VEにおける価値F/C

機能ごとのコストに着目し、VE的なアプローチをする

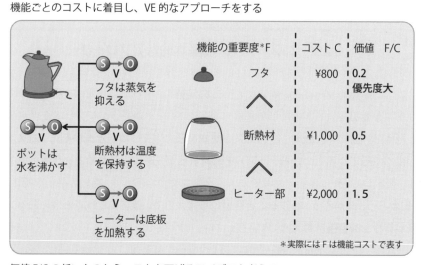

価値F/Cの低いものからコストを下げるアイデアを考える

トCからV＝F/Cで価値を計算します。例えば、湯沸かしポットでは水を沸かすという基本機能に最も影響を与えるユニットの機能が、ヒーター部、断熱材、フタという順番で重要というように定義します。実際には、すべての機能重要度の総和を100％として各ユニットや部品の機能重要度を割合で求めます。そこで、FはVとの単位を揃えて無次元とするため、機能重要度の割合にターゲット・コストを掛けた機能コストで表します。したがって、正確にはFは機能コストのことを指します。

価値Vは機能が重要なほど、コストCが低いほど高くなります。反対に、機能が低くてコストが高いものは価値Vが低くなります。**コストダウンの優先度は価値V＝F/Cの低いものから着手することになります。**

言い換えると、「最小限のコストで、顧客に必要な機能を確実に達成する」考え方がVEの考え方で、そのために機能当たりのコストF/Cに着目したアプローチになります。

（2）TOCのアプローチ

TOCは、イスラエルの物理学者エリヤフ・M・ゴールドラット博士が1980年代にアメリカで提唱した生産スケジューリングをベースとした経営手法です。この原理をもとに、制約条件工程の生産量と資材調達を同期化させる仕組み「ドラム・バッファー・ロープの理論」[1]により、生産性が飛躍的に高まり、在庫、仕掛かりが劇的に減少するということを実証させ、これを「制約条件の理論」と名付けました。

図表6-2に示すように、行列を組んで目的地に短時間で行くには、先頭の人がいくら急いでも、行列の中の遅い人が転んだりして、かえって行列が乱れて時間通りに動けません。そこで、一番遅い人にドラムを持たせて、歩調に合わせて叩いてもらい、先頭の人もそれに続く人もドラムの音に歩調を合わせます。さらに先頭の人と一番遅い人の間でロープを持って、ロープがピンと張らないように弛ませて余裕（バッファー）を持った行進を行えば、最も行列が安定して早く目的地に着くというものです。

これを生産工程に当てはめると、生産効率を上げるために工程1への部品投入をいくら早めても、工程の速度は一番能率の悪い工程5の影響を受けて、工程の

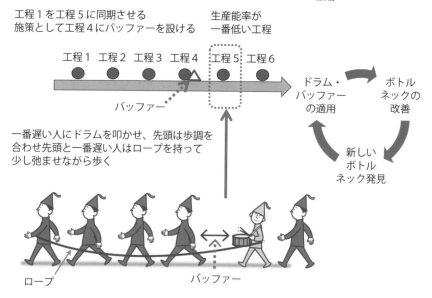

図表6-2 ドラム・バッファー・ロープの理論

あちこちに仕掛りの山ができて、かえって生産効率は悪くなります。そこで**一番生産能率の低い工程5の速度に合わせて、工程1の投入速度を決めて、さらに、工程5が絶対に止まらないように、直前の工程4に少し仕掛り（バッファー）を持たせることで、生産を無駄なく効率的に動かそうとする考え方**です。

　TOC（制約条件の理論）はこのドラム・バッファー・ロープの理論を使いながら、**ボトルネックの改善をくり返すことで全体を強化していくアプローチ方法**です。ボトルネックを改善すると次にスループットの悪いボトルネック工程が新たに別の工程へ移動します。そこへまた「ドラム・バッファー・ロープの理論」を使い効率を上げていくわけです。

　したがって、生産工程でのコストダウンを考えるときは、個別に工程の合理化を考える前に、全体の物の流れ、工場のアウトプットがお金を生み出す流れに着目して、それを最も律速している工程（ボトルネック工程）から改善をしていく考え方もしてみましょう。

> **ポイント**
> - VEは顧客視点で機能ごとのコストを求めることで、機能が低い割に、コストが高くなっているものから、コストを削減する優先順位の考え方である。
> - VEでは、「最小限のコストで顧客に必要な機能を確実に達成する」考え方で、コストダウンを価値V＝F/Cの低いものから着手する。
> - TOCでは、一番生産能率の低い工程の速度に合わせて、最初の工程の投入速度を決め、その能率の低い工程の前工程に仕掛り（バッファー）を持たせるドラム・バッファー・ロープの理論を使い、生産を無駄なく効率的に動かす考え方である。
> - TOCではドラム・バッファー・ロープの理論を使いながら、ボトルネックの改善をくり返すことで全体を強化していく。

6.2　製品のコストダウン

既存製品のコストダウンを行う場合は、VEの考え方を使います。コストダウンを行う範囲を決めて、機能分析を行い機能ごとのコストCを割付け、機能重要度Fを決め、価値V=F/Cを求めて、コストダウンの優先度を決めます。以下、詳細に順を追って説明します。

(1) コストダウンを行う範囲を特性要因図（または機能系統図）で決定

コストダウンの対象となる範囲の部品構成表を参考にしながら、空間的特性要因図や時間的特性要因図で決めます。

(2) 取り組み範囲の機能系統図を作成

コストダウンの取り組み範囲が決まったら、エクセル・フォーマットを使って機能系統図を作成します。

（3）機能系統図をコスト分析フォーマットに貼り付け、機能重要度を定義

　機能系統図が書けたら、各部品の現行コストを入力します。次に機能の重要度を機能の上位層から書き込んでいきます。一番簡便な機能重要度の設定方法として、比例配分法があります。システム全体を俯瞰して、一番大きなユニットごとの重要度を合計が100％になるように各ユニットに重要度を％で割り当てて、次に各ユニットの下の部品レベルで同様にユニットごとに100％となるように割り当てることで、最終的な部品レベルの重要度を上位層からの比率の掛け算で表示する方法です。

　図表6-3に湯沸かしポットの現行コスト割付と機能重要度の記入例を示します。図では上位層のフタ・ユニットの機能重要度10％、本体・ユニットの機能重要度40％と入力されています。この割合は図面では表示されていない他のユニットの割合と合計して100％となるように設定しています。次にフタ・ユニットや本体・ユニットにぶら下がる部品の重要度が各ユニットで100％となるように割り付けています。この結果として、各部品の機能重要度が求まります。

図表6-3　コスト、機能重要度の割付け例

①サブシステムや部品ごとの現行コスト（C）を調べて記入する
②機能重要度の合計が100％となるように機能の記述も見ながら決める

同じユニット内は同じ比率を入れる

階層構造 (nn…を記載)		サブシステム 部品名	現行 コストC	機能重要度判定				
				第1階層	判定	第2階層	判定	総合判定
1		フタ		フタ	10%			
	11	ツマミ	¥100		10%	ツマミ	20%	2%
	12	フタ・プレート	¥300		10%	フタ・プレート	40%	4%
	13	ヒンジ	¥100		10%	ヒンジ	40%	4%
2		本体		本体	40%			
	21	本体ケース	¥800		40%	本体ケース	10%	4%
	22	ステンレス槽	¥700		40%	ステンレス槽	20%	8%
	23	目盛窓	¥200		40%	目盛窓	10%	4%
	24	断熱材	¥400		40%	断熱材	30%	12%
	25	蒸気パイプ	¥200		40%	蒸気パイプ	10%	4%
	26	取っ手	¥100		40%	取っ手	10%	4%
	27	注ぎ口	¥200		40%	注ぎ口	10%	4%

例えば、本体ユニットの断熱材は40%×30%＝12%となります。この重要度を決めるときには各ユニット、部品の機能を確認して、湯沸かしポットの本来機能「水を沸かす」に一番関係が深いものから重要度を決めていきます。機能重要度は関係者で合意しながら決めていきましょう。

機能重要度の判定方法としては、このような比例配分法以外に第4章 図表4-11でも紹介した1対比較法があります。システムの構造が複雑でユニット数も多くなるような場合に、比例配分法では1度に俯瞰してユニットの重要度を判定するのが難しくなるために、2ユニットごとに1対でどちらが重要かを判断しながら、最終的に全体の中でのユニットの重要度を求めていく方法です。

人は一般に一度に複数の優劣を比較するのは難しいけれども、「2個で比較するとどちらが重要？」と聞かれると判断しやすいとの考えに基づいています。

（4）ターゲット・コストから機能コスト、価値V＝F/Cを算出

機能重要度が部品ごとに判断できたら、**機能重要度の割合にターゲット・コスト（目標コスト）を決めて、機能重要度に掛け合わせることで、機能コストを算出**

図表6-4 湯沸かしポットの機能コストF、価値F/Cの算出例

階層構造（nn…を記載）			サブシステム部品名	① 機能コスト F	② F/C 価値	③ C-F 低減余地	④ 優先順位	⑤ 計画原低額
1			フタ					
	11		ツマミ	¥80	0.80	¥20		
	12		フタ・プレート	¥160	0.53	¥140		
	13		ヒンジ	¥160	1.60	¥-60		
2			本体					
	21		本体ケース	¥160	0.20	¥640	1	¥500
	22		ステンレス槽	¥320	0.46	¥380	4	¥380
	23		目盛窓	¥160	0.80	¥40	9	
	24		断熱材	¥480	1.20	¥-80		
	25		蒸気パイプ	¥160	0.80	¥40	10	¥40
	26		取っ手	¥160	1.60	¥-60		
	27		注ぎ口	¥160	0.80	¥40	9	¥40

します。**図表6-4**に示す湯沸しポットの事例では、先に求めた機能重要度にターゲット・コストを掛け合わせた金額が機能コストFとして①に算出されています。その機能コストFを現行コストCで除した値として②にF/Cが算出されます。これがVEでの価値を表します。

同時に現行コストから機能コストを差し引いたものC－Fがコストダウンの低減余地③となります。この**価値②F/Cが低く、低減余地③C－Fの大きなものから優先順位④を決めていきます**。図表ではすべての部品を表示していないので、順位がすべて記載されていませんが、1位から優先順位を決めて、その順番で計画原低額⑤を決めていきます。最終的には計画原低額⑤の合計を現行コストの合計額より差し引いた金額がターゲット・コストになるように原低額を調整していきます。

> **ポイント**
>
> ◆ 機能の重要度の判定方法としては、比例配分法と1対比較法がある。
> ◆ 機能コストは機能の重要度にターゲット・コスト（目標コスト）を掛け合わせて求める。
> ◆ 価値F/Cが低く、低減余地C－Fの大きなものからコストダウンの優先順位を決める。

6.3　工程のコストダウン

　工程のコストダウンを行うときには、TOCの考え方でモノの流れの全体を俯瞰し、優先的にコストダウンを行う対象工程を決めてから、時間的な機能系統図を使ってVEの考え方で、コストダウンの優先順位を決めていきます。

（1）工程全体のスループットを検討

　湯沸かしポットのある工程では、**図表6-5**に示すように工程能力がバラついて

図表6-5　湯沸かしポット部品の組立工程の実態

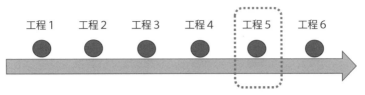

	工程1	工程2	工程3	工程4	工程5	工程6
平均処理時間（分）	4	4	6	6	10	6
1時間当たり処理個数	15	15	10	10	6	10

生産数／日	40個
スループット／時間	5個
工程内仕掛り	50個

おり、1分当たり10個以上の生産をしたいが、各工程の能力に合わせて生産するとライン上の仕掛りが増え、仕掛りが多いと、作業者も勝手に作業を休んでしまうため、作業効率も悪化しコストが増加していました。まずは、各工程の能力を調べ、工程のボトルネックに着目します。

　TOCの考え方で、**図表6-6**に示すように、**工程1への投入スピードをボトルネック工程5のアウトプットに同期させることにしました。また工程5が止まらないように、前の工程4に仕掛りを持つようにしました。**仕掛りは従来の50個から2個へ激減し、仕掛りは大幅に削減したまま、スループットも高めることができました。

（2）ボトルネック工程の分析

　次にボトルネック工程のスループットをVEの考え方を入れて改善をしていきます。ボトルネック工程とその前の工程について詳細に機能ベースで見ていきます。まず、工程表から時間的機能系統図を作成します。

　工程の場合もVE的な分析は、空間的な機能系統図の場合と同様に行います。**図表6-7**に示すように、まず、工程ごとの現行コストCを入れていきます。次に上位層のサブ工程に比例配分方式で重要度を入れていきます。

図表6-6 ドラム・バッファー・ロープの理論の適用

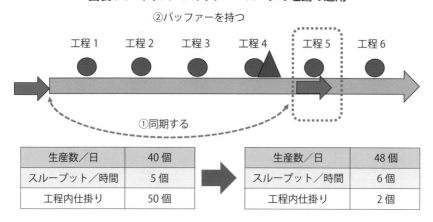

生産数／日	40個
スループット／時間	5個
工程内仕掛り	50個

生産数／日	48個
スループット／時間	6個
工程内仕掛り	2個

図表6-7 湯沸かしポットの組立工程の機能重要度決定例

①工程ごとの現行コスト（C）を調べて記入する
②機能重要度の合計が100%となるように機能の記述も見ながら決める

同じサブ・工程内は同じ比率を入れる

階層構造 (nn…を記載)		工程名 (詳細工程)	現行コストC	機能重要度判定				
				第1階層	判定	第2階層	判定	総合判定
1		底部ユニット工程		底部ユニット工程	20%			
	11	電源スイッチ取り付け	¥50		20%	電源スイッチ取り付け	10%	2%
	12	電源ランプ取り付け	¥50		20%	電源ランプ取り付け	10%	
	13	電源コネクター取り付け	¥50		20%	電源コネクター取り付け	10%	
	14	沸騰検出センサー取り付け	¥200		20%	沸騰検出センサー取り付け	30%	6%
	141	センサー仮固定			20%	センサー仮固定		
	142	センサー位置調整			20%	センサー位置調整		
	143	センサー固定			20%	センサー固定		
	15	配線工程	¥120		20%	配線工程	20%	4%
	151	圧着			20%	圧着		
	152	ハンダ付け			20%	ハンダ付け		
	16	検査工程	¥200		20%	検査工程	20%	4%

次にユニット工程にぶら下がる詳細工程の重要度が各ユニット工程で100%となるように割り付けています。この結果として、各詳細工程の機能重要度が求まります。機能重要度が工程ごとに判断できたら、機能重要度の割合にターゲット・

コスト（目標コスト）を決めて、機能重要度に掛け合わせることで、機能コストを算出します。

図表6-8に示す「湯沸かしポット」の事例では、先に求めた機能重要度にターゲット・コストを掛け合わせた金額が「機能コストF」として①に算出されています。その機能コストFを現行コストCで除した値として②にF/Cが算出されます。これがVEでの価値を表します。同時に　現行コストから機能コストを差し引いたものC-Fがコストダウンの低減余地③となります。

この価値②F/Cが低く、低減余地③C－Fの大きなものから優先順位④を決めていきます。その順番で計画原低額⑤を決めていきます。最終的には計画原低額⑤の合計を現行コストの合計額より差し引いた金額がターゲット・コストになるように原低額を調整していきます。

図表6-8　湯沸かしポット工程の機能コストF、価値F/Cの算出例

階層構造 (nn…を記載)			工程名 (詳細工程)	① 機能コストF	② F/C 価値	③ C-F 低減余地	④ 優先順位	⑤ 計画原低額
1			底部ユニット工程					
	11		電源スイッチ取り付け	¥18	0.36	¥32	4	¥30
	12		電源ランプ取り付け	¥18	0.36	¥32	4	¥30
	13		電源コネクター取り付け	¥18	0.36	¥32	4	¥30
	14		沸騰検出センサー取り付け	¥54	0.27	¥146	2	¥140
		141	センサー仮固定					
		142	センサー位置調整					
		143	センサー固定					
	15		配線工程	¥36	0.30	¥84	3	¥80
		151	圧着					
		152	ハンダ付け					
	16		検査工程	¥36	0.18	¥164	1	¥160
2			ヒーター工程					
	21		ヒーター固定部設置	¥54	0.54	¥46	8	¥40
	22		ヒーター設置	¥54	0.36	¥96	4	¥90
	23		圧着工程	¥108	0.54	¥92	8	¥90
		231	位置決め					
		232	圧着					
	24		検査工程	¥54	0.27	¥146	2	¥140

> **ポイント**
> - TOCの考え方では、工程への投入スピードをボトルネック工程に同期させ、ボトルネック工程が止まらないように、その前の工程に仕掛りを持つ。次にボトルネック工程のスループットをVEの考え方を入れて改善をしていく。
> - ボトルネック工程の改善には時間的機能系統図を用いてVE的なアプローチでコストダウンすべき優先工程を決める。
> - ボトルネック工程では、詳細工程の価値F/Cが低く、低減余地C—Fの大きな工程からコストダウンの優先順位を決める。

6.4　コスト改善策の検討方法

今まで述べてきた目的別アプローチ方法で、コストダウンの優先順位が明確になったら、具体的にそのコストを下げる方法を検討していきます。コストを上げている原因の分析や他の手段に置き換えるアイデアを出すなどの検討を行います。

(1) コストアップ原因を求めてTRIZの撲滅型発想法で考える

現行のユニット、部品、工程のコストが高くなっている原因を求めるのは、「早期原因究明ソリューション」の方法を使います。つまり、**空間的な分析の場合は機能に従って、コストアップの原因を上位層から下位層に下るようにして原因分析を行い、時間的な分析の場合は、工程の下流から上流に向かって原因分析を行います。**

湯沸かしポットの空間分析では、上位のユニットの機能までは、「コストが¥○○だから」と書いても、その下の部品レベルになると、その原因はコストアップを引き起こしている構造上の理由や材料上の理由が入ります。また、工程の場合は、工程の構成上、順番、作業者の工数などの理由が入ります。

こうして求めた根本原因は1つでない場合が多いのですが、**コストアップになる原因として、コストを掛ける構造にしないと別の特性が劣化するなどの矛盾問題をかかえているケースが多くなります。矛盾問題が定義できれば、TRIZを使って、低コスト化と特性の両立ができるブレーク・スルーのアイデアを出すことができます。**たくさん出たアイデアの中から、アイデアを評価するときにコスト重視で評価することで、良いアイデアが得られるでしょう。この流れはTRIZの撲滅型発想法です。

(2) TRIZの願望型発想法で別の手段を発想する

　広範囲のアイデアを出して思い切ったコストダウンを行うにはTRIZの願望型発想法が適しています。この場合はユニットや部品のコストを下げるために、同じ機能で別の手段に置き換えてしまう手段を発想します。上位層を変えるほど、大きなコストダウンに繋がるアイデアが出るかもしれません。

　例えば、「水を加熱する」ヒーター以外の別の手段をTRIZツールのGoldfireを使い、TRIZの科学効果で調べてみると、事例がたくさん出てきます。

(3) 信頼性とコストダウンを両立するにはTMを使う

　生産現場での部品のランニングチェンジなど、**コストダウンしたシステムの信頼性も従来並に維持したい場合にはTMの機能性評価を使うと効率的に評価ができます。**

①機能性評価とは

　機能性評価はそのシステムの理想状態を考えて基本機能を決め、その関係が誤差因子によってどのように影響を受けるかを求めることにより、そのシステムの誤差因子に対する安定性を評価するものです。SN比、感度を用いて、複数の製品・部品・機能の信頼性をベンチマークするときに使います。活用事例としては、**図表6-9**に示すように、他社／自社の比較、旧製品に対する新製品の比較、基幹部品の選定・切り替え時の新旧の比較などがあります。

　特に、コストダウンでは安価な部品に切り替えたときの新旧部品での信頼性比較を行いたい場合に有効です。機能性評価は、設計を行わない、あくまで、選定・比較のための手法です。

図表6-9　機能性評価の用途と手順

機能性評価の活用例

①他社製品との信頼性比較

A社　＞　B社　＞　C社

②製品の改良版と現製品との信頼性比較

新製品　＞　旧製品

③基幹部品の選定・切り替え時の信頼性比較

機能性評価の手順

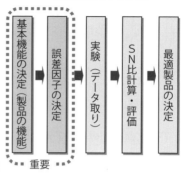

基本機能の決定（製品の機能）／誤差因子の決定　重要

実験（データ取り）／SN比計算・評価／最適製品の決定

パラメータ設計のような制御因子の設定、L18直交実験は行わない

　機能性評価はノイズを与えて複数のサンプルまたはシステムを評価するだけですので、パラメータ設計のように制御因子（設計パラメータ）の設定は行いません。したがって、基本機能を設定したら、誤差因子を設定し、実験、評価を行うといったステップで進めます。

②湯沸かしポットのヒンジの機能性評価

　例えば、湯沸かしポットのフタを支えるヒンジを安価な2社のヒンジA、Bに変えたい場合、従来の実績のあるヒンジCと比較して信頼性が同等以上あるかを**少ないサンプルで短時間に効率的に行うのが機能性評価**です。

　ヒンジの理想状態とは、「いろいろな環境下で多くの開閉を行っても、フタの位置が一定している」ことですので、例えばヒンジの基本機能は、100回の開閉試験でフタの基準位置のある寸法が±0.1mm以下となることと設定します。

　ヒンジが樹脂製の場合に、成型時のバラツキや温度、湿度、水分の有無、横方向の応力などさまざまなバラツキがありますが、例えば基本機能に影響を与える因子として、ヒンジ軸・軸穴の寸法変化、ヒンジ動作の動摩擦係数の変化に集約できます。

　また、**図表6-10**に示すように、**多くの評価サンプル、長時間の評価で検討する偶発ノイズを必然ノイズに置き換えて考えます**。その結果、基本機能に最も影響を与え、かつ評価しやすい因子として、例えば、温度変化、応力の有無で必然ノイ

図表6-10　機能性評価のサンプル数、評価時間の考え方

偶発ノイズの評価から必然ノイズの評価へ（TM機能性評価）

| 数 | どのレベルの物が混入するか
わからないのに30個評価して安心？ | 時間 | どんな確率で発生するかわからない
ノイズを評価して安心？ |

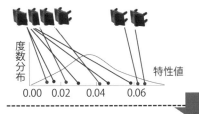

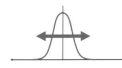

知りたいのはバラツキの端だけ。途中はどうでもよい

・バラつく環境を作って評価する
・誤差は基本機能に照らして考える

ズを代表させ、この2つの因子の組み合わせを大きく変えてノイズ因子（誤差因子）として与えて基本機能を評価すれば、わずかなサンプルを短時間で評価するだけで信頼性を考慮した部品の選定ができるわけです。

ポイント

- コストアップの原因分析には機能的原因分析を使って空間または時間的な分析を行い、矛盾問題を定義しTRIZの撲滅型発想法を使い解決する。
- 広範囲のアイデアを出したいときはTRIZの願望型発想法が適している。
- コストダウンしたシステムの信頼性も従来並に維持したい場合にはTMの機能性評価を使うと効率的に評価ができる。
- 機能性評価は多くのサンプル、長時間の評価で検討する偶発ノイズを必然ノイズに置き換えることで、少ないサンプル、短時間で信頼性を評価できる。

Column

原価低減より「出図作業者を増やす」方が優先？

　「原価低減！」の大号令の元、製品や工程の値段の高いところからコストを下げる活動を一斉に始める……このような光景はどこの会社にも見られますね。

　目の前のコストを下げるのに、多くの時間と労力を割いて取り組むわけですが、「コストダウンは何のために行うか？」をもう一度よく考えてみましょう。究極の目的は「会社の利益を増やすため」ですよね。ある1つの製品や工程のコストダウン目標ではなく、「会社の利益を増やす」ことをコストの機能的原因分析のツリーの先頭に置いて見たら、もっと視野が広がると思います。

　今、皆さんが目の前の製品の部品や工程のコストを下げることが、本当に「利益を生み出すこと」に直結した最優先のことなのか？

　そんなときに本章で紹介したTOC (Theory of Constraints：制約理論) の話を思い出してください。実はTOCのボトルネックに着目したスループットの考え方は開発現場でのアウトプットのスループットを考えるときにも使えるのです。実際にプロジェクト・マネジメントではボトルネックのタスクの遅れが全体を支配するとの考えを使ったCCPM (Critical Chain Project Management) が使われています。

　もしかしたら、工場や製品でのコストダウンよりも、会社の利益創出のボトルネックは、「開発現場の出図作業者の人数が不足していること」による時間の遅れかも知れませんね。

　本章で学ぶ機能を元にしたVEによる顧客視点の考え方、TOCを元にしたスループットの考え方は皆さんのさまざまな開発業務にも、きっと役立つ考え方だと思います。

参考文献

(1) エリヤフ ゴールドラッド著　三本木亮 (訳)「ザ・ゴール」ダイヤモンド社、2001年

第7章
強い特許ソリューション

　特許は技術者の成果を表す重要なアウトプットです。

　特許というと「優れた特許＝オリジナリティのある優れたアイデアを出せばよい」と考えがちですが、そんなに単純なものではありません。

　皆さんが行う特許業務には、戦略的に特許網を作ったり、自分のアイデアを特許として、競合他社からは潰しにくい広範囲のものにしたり、競合他社の特許を潰さないと製品化に支障が出る、といったさまざまなものがあります。

　本章では、それぞれの目的に合わせて科学的アプローチを使うことで効率良く特許業務を行っていく方法について紹介していきます。

7.1　強い特許を出すための基本的な考え方

　どんなに技術的に優れたアイデアでもそれがユーザーの要求や悩みを解決するものでなければ価値がありません。ここでは、特許の要素に合致して優れた特許を出すための基本的な考え方について説明します。

（1）特許の要素と科学的アプローチ

　開発者は自社の利益を守るための特許を出そうと意識しますが、それよりも**優先すべきこととして、その発明がユーザーにどのような価値を提供しているかが重要になります**。そのユーザー価値を見極めるのに有効なのがQFDやSNマトリックスといったツールです。

　また、**優れた特許の要件として、回避困難性、潰されにくさというものがあり**

ます。これは特許のカバー範囲が広く、容易に回避できないことや、実施例が豊富であらゆる実現手段が網羅されており、回避するための手段を実施しにくいことを意味します。

そのために重要なのが技術を機能として捉えて、機能の実現手段を網羅的に考えておくことと、その技術、システムを使うあらゆるシーン（ユース・ケース）を時間的な手順を含めて、網羅的に検討しておくことです。

この検討には本書の提案する第4章「課題設定ソリューション」の空間的あるいは時間的機能分析、第3章「テーマ探索ソリューション」の探索ロジック・ツリーによる網羅的な用途探索が役に立ちます。

（2）オリジナリティの高いアイデア発想

特許のアイデア発想にはTRIZが最適です。それはTRIZが問題を明確に定義するプロセスとそこで定義された矛盾問題に対して、250万件にも及ぶ特許をベースにした発明原理などを用いて発想することで、**トレード・オフのような妥協するアイデアではなく、ブレーク・スルーするアイデアをたくさん出していく手法**だからです。

TRIZは優れた特許を元にした発明原理を使っているということは、優れた特許は技術問題をブレーク・スルーの発想で解決しているからにほかなりません。

また、本書では第2章で紹介した「ヒラメキ」に近い発想を得やすくするために願望型発想法も取り入れています。これらを目的によって使い分けることで、短時間で効率的に有効な発想が可能になります。

本章では以下の3つの目的別アプローチを説明していきます。
　①網羅性の高い特許網の構築
　②豊富なアイデアによる請求範囲の拡大
　③強力な他社特許の回避

> **ポイント**
> - 特許の第1要素は、その発明がユーザーに価値を提供していること。それに有効なのがQFDやSNマトリックスといったツールである。
> - 特許の第2要素は、回避困難性、潰されにくさ。それに重要なのが技術を機能として捉え、機能の実現手段を網羅的に考えること、その技術を使うあらゆるシーンを時間的な手順を含めて、網羅的に検討しておくことである。
> - 特許のアイデア発想では、問題を明確に定義し、ブレーク・スルーするアイデアをたくさん出していく手法としてTRIZが最適である。

7.2 網羅性の高い特許網の構築

研究、要素技術検討段階で生まれた技術について、その活用範囲も考え、特許戦略も絡めて、**より網羅性の高い特許網を作りたい場合には、空間と時間の機能系統図を使って特許を出す範囲を決めて技術課題を抽出します**。

(1) 網羅性の検討と共有

対象とする要素技術に関して、**図表7-1**に示すように製品の空間的な範囲とそれを使用するユーザーの活用場面を想定しての時間的な範囲を機能系統図で両方書き出します。

次に技術戦略、特許方針、または他社特許分析も参考にして特許を出願できそうな対象範囲を決めます。他社特許分析では、**図表7-2**に示すような「特許課題解決マップ」を用いることができます。これは課題と解決手段のマトリックスで、その交差点にある数字は該当する特許件数です。件数の水準に応じて色分けをすると、他社が手薄な領域が把握できます。課題は「機能+機能の程度」で表されますので、それに対する各社の解決手段（特許）がわかり、あとに続くSNマトリックスとも連携できます。

図表 7-1 課題網羅性の確認(空間、時間)

課題網羅性の確認

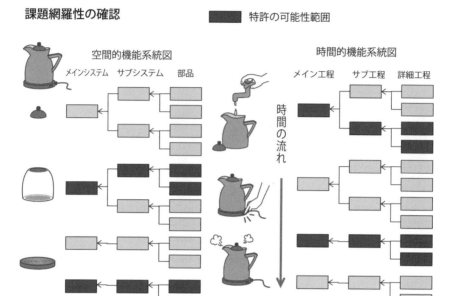

図表 7-2 競合他社調査マップ

課題解決マップ

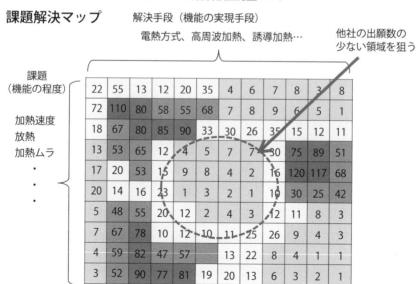

（2）ニーズの調査、優先課題の決定

　特許網の対象範囲が決まったら、対象範囲の機能について第2章図表2-8に示したSNマトリックスを作成し、対象範囲の機能に関して大きな機能ごとのニーズ、競合他社技術、特許を調査し記入します

　このときの他社技術は、個別の機能に関する詳細な特許や技術情報になります。新規製品の要素技術開発などでは、ニーズ情報がまだ少ない場合もありますので、その場合は想定される仮想ニーズを書いておいて、開発が進むにつれてニーズの調査が進んだ段階で記載しても構いません。

　自社や他社の従来レベルと　顧客要求と他社技術での達成レベルを比較し、ギャップ（乖離）が大きいと判断されれば、その機能のレベルアップを考えることになり、優先項目として「◎」をつけたりします。

（3）網羅的な課題設定　アイデア出し

　優先度の高い機能の課題については、原因分析を行って撲滅型発想法でアイデアを出すこともできますが、**特許網の構築を検討する開発初期段階では、設計の自由度も大きいので、現在のシステム、他社のシステムに囚われないで、もっと自由に発想するTRIZの願望型発想法をお薦めします。**

（4）アイデアの結合、評価とコンセプト化

　発想したアイデアはQCDで評価します。SNマトリックスのレベルアップ項目をどの程度満たしているか？自分たちの保有技術をどの程度活かせるか？将来に向けた拡張性、進歩性があるか？などを重要視して評価します。

　その後、評価のQの高いもの（顧客要求を満たすもの）を中心として、複数のアイデアを結合してコンセプト案を作ります。結合は、空間的結合、時間的結合、機能上位層と下位層の結合、組み合わせも考えてみます。

> **ポイント**
> - 特許課題解決マップを用いると、あるシステムや製品に関する技術課題と、それに対する各種解決方法ごとの他社の特許出願状況がわかり、SNマトリックスとも連携できる。
> - 自社の従来レベルと　顧客要求と他社技術での達成レベルを比較し、ギャップ（乖離）が大きいと判断できたら、その機能に優先項目として「◎」をつける。
> - 特許網の構築を検討する開発初期段階では、設計の自由度も大きいので、現在のシステム、他社のシステムに囚われないで、もっと自由に発想するTRIZの願望型発想法を使う。

7.3　豊富なアイデアによる請求範囲の拡大

次に個別の技術課題を解決した場合にその対策案をできるだけ範囲を広げて請求範囲の広い特許にしたい場合の発想方法について説明します。

（1）TRIZの撲滅型発想法と願望型発想法

図表7-3に各方法でのフローを示します。このフローからわかるように、「お湯を1分で早く沸かす」という課題に対して、**2つの方法では問題分析、問題定義のプロセスが異なるだけで、発想とアイデアの評価結合の流れは同じです。**撲滅型発想法のスタートは「湯沸かしポットが1分で水を沸かすことができない原因は？」から原因分析をスタートし、願望型発想法のスタートは、「水を1分で沸かしたい」から願望分析をスタートします。

（2）撲滅型発想法

撲滅型発想法の原因分析は、**図表7-4**に示すように、早期原因究明ソリューションでの機能的原因分析の流れと同じです。機能の上位層から機能ツリーに従って

図表 7-3　TRIZ の撲滅型発想法と願望型発想法

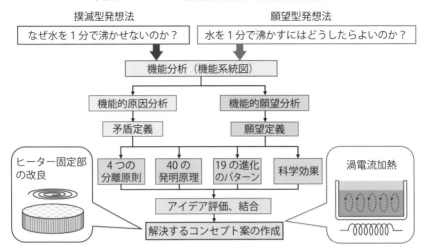

図表 7-4　機能的原因分析と根本原因

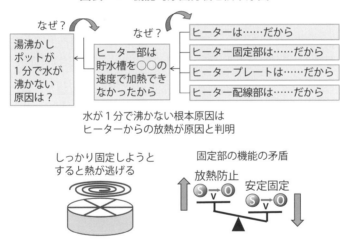

原因分析を行い、根本原因を特定します。この場合は、ヒーター部の効率が悪かった根本原因が、「ヒーター固定部からヒーターの熱が底面に逃げていた」とわかりました。ヒーター固定部の本来の機能はヒーターをしっかりと固定することですので、しっかり固定すればするほど、その固定部から熱が逃げる矛盾問題であることがわかります。

図表7-5　TRIZ発明原理を使った発想

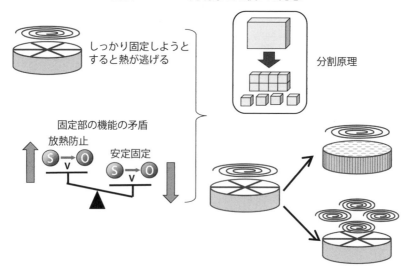

　この矛盾問題を解決するためにTRIZの「40の発明原理」を調べるといいでしょう。例えば、**図表7-5**で示すような分割原理が示されます。分割原理を使うと、この矛盾問題をブレーク・スルーできるさまざまなヒーター固定部のアイデアが出るはずです。例えば、ヒーターの固定部をハニカム構造で細分化したり、ヒーターを分割したりして、ヒーター固定部への放熱を減らすアイデアです。

　この40発明原理には分割原理以外にも複数発明原理が提示される上に、さらには40の発明原理以外にも進化のパターンや科学効果を使った発想ができますので、短時間で多くの有効なアイデアが出ます。

　これらを先の要求項目に照らして、QCD評価し、結合してコンセプト案を出します。

（3）願望型発想法

　願望型発想法では、**図表7-6**に示すように、原因分析の代わりに願望分析を使います。願望分析は原因分析を行わないので、発想アイデアがヒーター固定部周辺に限定されません。**現在のユニットや部品にかかわらない発想をすることで、より広範囲な発想が可能です。**

図表7-6　機能的願望分析

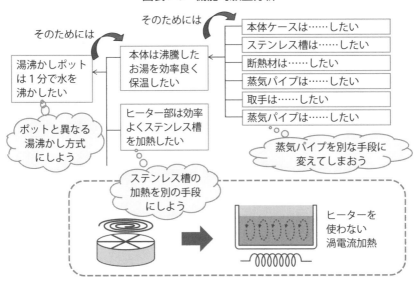

　例えば、第2階層のヒーター部の加熱効率が悪い場合に、願望型では「効率良くステンレス槽を加熱する」などの手段を発想します。科学効果で例えば、渦電流を使って金属を加熱する方法が紹介されており、これをヒントにステンレス槽を渦電流で加熱するアイデアが出ます。渦電流による加熱方法であれば、ヒーターの固定に伴う熱の逃げ問題もなくなります。したがって、**設計の自由度がある要素技術開発では、願望型で網羅的に範囲の広い発想をして特許化しておくことはとても有効です。**

（4）アイデアの従来例調査について

　アイデアを特許化する場合は、従来例調査も必要です。せっかく良いアイデアを出願しても、特許庁から容易にそのアイデアを類推可能との従来例が示されて、拒絶されてしまうことがよくあります。これを防止するためには、発想の後のフォローが必要になります。

　発想したアイデアについて、図表7-7に示すように機能分析を再度行います。アイデアの構成は、現行品とは変わっていますので、機能構成も変わる場合があります。この機能の実現手段と同じものが従来例にないか調べましょう。もし、

空間的な機能の実現手段と同じものが見つかってしまった場合は、①実現手段を変える、②手段の実行手順を変える（時間的分析）などを検討して回避策を考えるようにしましょう。この機能分析は、さらなるアイデアのブラッシュアップにも繋がります。構成要素を機能で見てみると、渦電流加熱方式でもコイルにさまざまな形があり、特許の範囲を広げるのに有効です。

図表7-7　アイデアの従来例対策

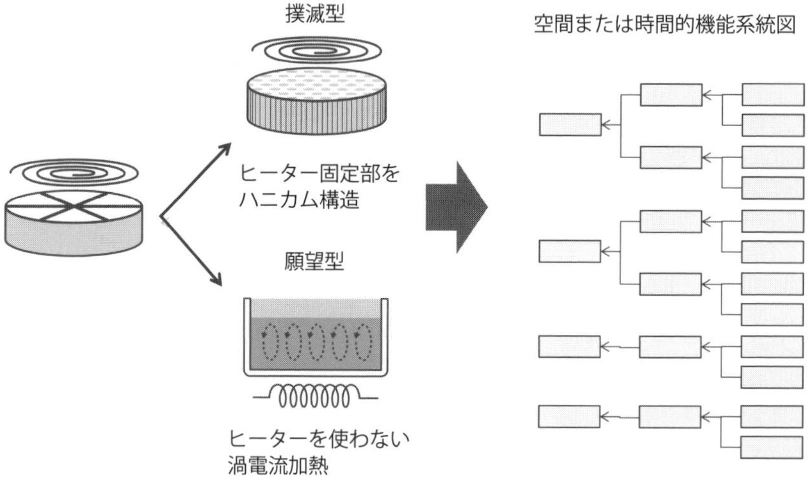

撲滅型
ヒーター固定部をハニカム構造

願望型
ヒーターを使わない渦電流加熱

空間または時間的機能系統図

ポイント

- 撲滅型発想法、願望型発想法では問題分析、問題定義のプロセスが異なるだけで、発想とアイデアの評価結合の流れは同じである。撲滅型発想法では原因分析を行い、願望型発想法は願望分析を行う。
- 設計の自由度がある要素技術開発では、願望型発想法で網羅的に範囲の広い発想をして特許化しておくことは非常に有効である。
- 発想したアイデアの従来例調査は、アイデアの機能分析を再度行い、機能の実現手段と同じものが従来例にないか調べる。そこには空間的視点、時間的視点を入れる。

7.4　強力な他社特許の回避

特許対応の中には新製品でのコア技術を出願しようとしたら、避けようがない強力な他社特許が見つかり、製品化も危ぶまれる状況になることがあります。ここでは、何としても他社特許を回避した対策案を効率的に考えなくてはならない場面で使うアプローチ方法を紹介します。

請求項を機能系統図（機能ツリー）で表し、文章でなくモデル図として把握します。その機能を元に、構成要素を追加したり、機能を再割り当てし、請求項に抵触しないモデルを検討してみましょう。

以下、**図表7-8**に示すような湯沸かしポットの特許の請求項、図面の例を使って、**図表7-9**に示すような手順を説明します。

図表7-8　湯沸かしポットの他社特許事例

【請求項1】
本体 A と、ヒーター B と、前記本体の上方部分を通気したスチーム室 C に接続するスチーム穴 D とをそなえ、さらに、前記スチーム室 C に隣接しかつこのスチーム室から湿気防止隔壁手段 E によって分離した乾燥室 F と、前記隔壁手段にシールしたスチームセンサであって、温度感知部分 G をスチーム室内に配置しかつ電気部分 H を乾燥室内に配置したスチームセンサとをそなえたことを特徴とする水加熱容器。

【請求項2】
加熱すべき水を収容する本体 A と、ヒーター B と、前記本体の上方部分を通気したスチーム室 C に接続し、スチーム穴 D とをそなえ、前記ヒーター B により前記本体 A のベースを設置し、さらに、前記スチーム室 C の下側端部に接続した管路 I を設け、この管路 I の下側端部を前記、ヒーター B の下側に位置するベース室 J に接続し、このベース室 J の前記管路 I 側とは反対側に少なくとも1個の開孔 K を設けたことを特徴とする水加熱容器。

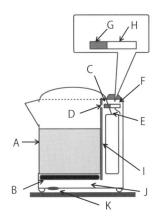

図表7-9　請求項の機能系統図化の手順

（1）文節を抽出
　　　本体Aと「ね」、ヒーターBと「ね」、前記本体の「ね」上方部分を「ね」通気した……
（2）名詞、動詞、直接目的語、間接目的語を抽出
（3）作用V+Oを先に抽出する
（4）作用の主語Sを探す
（5）未使用の文節も、修飾語句を探してS+V+Oに変換する
（6）請求項のすべての言葉を使って機能が抽出されている
（7）S+V+Oと特許図面から機能系統図を作成

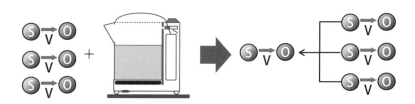

（1）請求項の文節分解

　この請求項に終助詞の「ね」を入れて、文節に分けます。本体Aと「ね」、ヒーターBと「ね」、本体の「ね」、……といった具合です。

（2）文節から名詞、動詞、直接目的語、間接目的語を抽出する

　文節から名詞の「本体A」「ヒーターB」などを抽出します。重複した名詞句は抽出しないようにします。次に、「通気する」「備える」「分離する」……と動詞を抽出します。重複した動詞も抽出し、受動態で書かれているものは能動態で書きます。次に「本体の情報部分を」「スチーム室Cに」……となる「〜を」の直接目的語、「〜に」の間接目的語を抽出します。

（3）作用V＋Oを先に抽出する

　「本体上方部分を通気する」「温度感知部分Gを配置する」……と作用（V＋O）を作成します。ステップ（2）の直接目的語に対応する動詞を探し、V＋Oで記述します。「〜を〜する」という形式で記述されます。V＋Oに使った文節にはマー

カーで色を塗るなど他の文節と区別します。その後に、塗り潰されていない動詞または動詞句があったら、その作用対象を探します。

（4）作用の主語Sを探す

「スチーム穴Dは本体上方部分を通気する」「水加熱容器は温度感知部分Gを配置する」……というふうに（3）のV＋Oの主語を探します。直接目的語が主語になる場合もあります。見つけられない場合は（発明の名称）を当ててみます。使用した文節はマーカーで塗ります。

（5）未使用の文節は、修飾の対象となる語句を探してS＋V＋Oに変換する

未使用の文節があったら、修飾の対象となる語句を探して「○○の○○」「○○な○○」の表現にします。「AのB」という記述は、全体と部分の関係を表しているケースも多いので、「BがAを構成する」「AがBを含む」と表現できます。または、修飾部を（4）で作成済みのS＋V＋Oに包含させることも可能か検討します。ここで対象とした文節もマーカーで塗りつぶしてください。

（6）請求項のすべての言葉を使って機能が抽出されていることを確認する

（1）で抽出したすべての文節がマーカーで塗りつぶされて、（4）、（5）の作業で作成した機能S＋V＋Oに変換されていることを確認します。

（7）請求項から抽出された機能S＋V＋Oの主語（S）と、特許図面を基に機能系統図を作成する

文節から作ったS＋V＋Oは機能の集合体で、ツリー構造のような階層構造ではありません。機能系統図と同じようにするために、図面を見ながら、どのS＋V＋Oが、どのS＋V＋Oに包含されているかを見て、上位や下位に分けて、階層構造（ツリー）を作ります。図面から、階層構造を見つけにくい場合は、目的→手段という関係になるか？エネルギーの流れを考慮して、流れの上流から下流の関係にあるかなども見て判断します。

以上のような作業を展開していくと、最初のいくつかの請求項で、基本的な機能のツリーのパターンがあり、その他の請求項はその一部を変えたり、付加した

りした基本パターンの派生パターンであることがわかります。このようにして**請求項が多い基本特許のようなものでも機能ツリーの絵で把握することで、特許の構成を機能で把握できるようになります。**

（8）優先度の高い機能から回避策を検討する

　機能系統図の基本パターンは、エクセルの表形式で階層構造を表現できますので、**各機能欄で特許が特徴としている機能やそれに準ずる機能を優先的に回避する手段を検討していきます。特に請求項で「○○を特徴とする」と書かれている部分の機能については最優先で回避策を考えます。**

　回避する方法には以下のようなアプローチ方法があります。目的に応じて使い分けてください。

① TRIZ の願望型発想法を使って特許構成と異なる手段を検討する

　上記で作成した特許の機能系統図の優先機能に着目して特許が目指していた目的の願望の機能展開を行い、TRIZ の願望型発想法のプローチで、Goldfire を活用した調査や、TRIZ の科学効果から閃いた手段で置き換えできないかを検討します。

② 特許構成の複数の機能をマージして1つの手段で提供する

　特許が実施している機能をマージさせ、1つの機能で置き換えできないかを検討します。置き換えた機能について、TRIZ の願望型発想法のプローチで、Goldfire を活用した調査や、TRIZ の科学効果から閃いた手段で実現できないかを検討します。

③ 特許構成の問題点を解決する有効な別の手段を提供する

　優先機能に着目して、Goldfire などの検索ツールを使って、その機能、構成をとった場合の問題点を調査し、問題点を解決できる手段を考えます。必要に応じて、その問題点の原因分析を機能ベースで行い、機能的原因分析→矛盾問題の定義→ TRIZ 撲滅型発想法で改善策を出します。

④ 特許構成の長所をさらに加速する手段を提供する

　機能の長所を Goldfire などで調査し、長所をさらに強化できそうなアイデアを出します。具体的には長所を強化する目的で願望機能分析を行い、TRIZ 願望型発想法でアイデアを出します。

ポイント

- 競合他社特許を回避するには、まず他社特許の独立クレームに対して機能系統図（機能ツリー）で表し、文章でなくモデル図として把握する。
- 競合特許が特徴としている機能やそれに準ずる機能を優先的に回避する手段を検討していく。「○○を特徴とする」と書かれている機能については最優先で回避策を検討する。
- 競合特許を回避するには以下の手段を検討してみる。
  - TRIZの願望型発想法を使って特許構成と異なる手段を検討する
  - 特許構成の複数の機能をマージしてひとつの手段で提供する
  - 特許構成の問題点を解決する有効な別の手段を提供する
  - 特許構成の長所をさらに加速する手段を提供する

Column

特許作成で発想よりも重要な機能分析

　開発者や知財担当者から、特許に関する相談も多く受けますが、特許→アイデア→TRIZを使った発想に関する相談よりも、「どうすればA社のような抜けのない網羅性の高い特許にできるか？」といった広範囲に権利化するための「網羅性」を高めることに関する相談が多いです。

　ここで使う科学的アプローチは実はTRIZそのものよりも、機能分析を使うことが多いのです。顧客視点で「どのように製品を使うか？」を徹底的に分析するところから始め、空間的分析も時間的分析も駆使して、考えられる使用シーンをすべて抽出してみると、そこに特許のヒントがあります。

　顧客の目的に応じたさまざまな手段の組み合わせや、さまざまな手順の組み合わせを分析、把握できると、より網羅的な特許に繋がります。

　本章では「強い特許ソリューション」として目的別のアプローチ方法を説明してきましたが、顧客ニーズを調べる意味で「第4章　課題設定ソリューション」も合わせて見ていただけると、「網羅性」を確保した優れた特許の作成に役立つと思います。

第8章
実験評価効率化ソリューション

　実験や評価の作業は開発者の日常業務です。このソリューションでは、TM（品質工学）、実験計画法、統計的な処理などを使って、少しでも実験や評価の作業を効率良くすることを狙いとしています。

　ただし、それぞれの手法は一つひとつが非常に広範囲の内容ですので、本書では「効率化」という視点で考え方を極力わかりやすく説明し、詳細なやり方については専門書に委ねることにします。

8.1　実験評価効率化の基本的な考え方

　開発現場では、実験や評価は、さまざまな場面で行われます。第5章で紹介したような原因分析の原因検証方法の1つとして使うこともあれば、**求めた根本原因の矛盾問題を回避するのに最適解を求めるために使うこともあります**。

　一般に設計上の自由度が大きければ、TRIZのアイデアで解決できる範囲も広がります。しかし、**設計上の自由度が限定される場合は、限定された構成や材料の範囲の中でパラメータを検討し、実験で最適な条件を求めます**。

　また、TRIZで新規にアイデアを出した構成、材料について、最適設計を行う場合にも用います。

　このように開発プロセスの中で実験や評価を行う場面は多くありますので、実験や評価の効率を上げることは開発全体の効率を上げることに繋がります。

　本章では効率化を以下の4つの視点で説明します。

（1）実験・評価の範囲を絞る

(2) 実験・評価の因子、水準を少なくする

(3) 実験・評価の回数を減らす

(4) 少ないデータで正確に予測する

以下、順を追って（1）～（4）を説明します。

（1）実験・評価の範囲を絞る

まずは目的や課題に合わせて、取り組み範囲が妥当なものかを、チームや関係メンバーと共有します。ここでは、「課題設定ソリューション」で紹介している空間または時間の特性要因図を書いて範囲を設定します。例えば、湯沸かしポットでは**図表8-1**に示すように、目的を「ヒーター固定部の最適設計条件を決定する」とし、部品構成表を基に関係する因子（パラメータ）をサブ・システム、部品ごとに列挙し、因子を設計者がコントロールできるか否かで色分けします。そして、日程や工数も考慮して範囲を決めます。この図は「空間的特性要因図」ですが、工程や操作フローは、時間的な特性要因図を書いて因子を検討します。特性要因図を書く前に機能系統図を書いて機能の優先度を決めてから、その範囲のパラメータを特性要因図で検討する方法もあります。

（2）実験・評価の因子、水準を少なくする

範囲を決めたら、因子について検討していきますが、因子は少なく、因子を振る水準も小さいほうが実験規模も小さくなります。そのときにコントロールやアン・コントロール因子の取り扱いについても目的により、よく考えておきましょう。因子を少なくしたい場合は以下のことを考慮しましょう。

①目的機能で因子を絞り込む、②効果の大きいパラメータに絞る、③過去の結果からパラメータを絞る、④現実的でない組合せを取り除く、⑤因子同士を組み合わせる

①目的機能で因子を絞り込む

改善したい目的機能に着目して、その理想機能に一番影響するコントロール因子、アン・コントロール因子を絞り込みます。TMではコントロール因子を制御因子、アン・コントロール因子を誤差因子といいます。

図表8-2に示すように実験計画法では、副作用である固定部への放熱にも注目

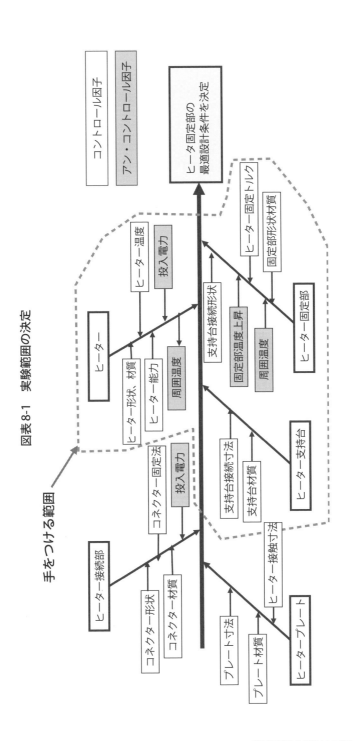

図表 8-1　実験範囲の決定

して、その因子として固定部の温度上昇も実験の評価対象として入れます。

一方、TMでは目的機能（基本機能）に着目して、副作用には着目しません。その代わりに誤差因子を大きく振った範囲でも理想的に目的機能が発揮できる条件を求めます。すなわち、投入された電力が理想的にすべてステンレス槽に供給されるような条件を求めます。誤差因子（ノイズともいう）に対して安定に理想機能を発揮できることを目指します。結果として部品のバラツキ、加工のバラツキも包含して、安定な性能を発揮できる制御因子（設計条件）を設定すれば、副作用、すなわち、固定部へ逃げていくエネルギーは減少するとの考え方です。

②効果の大きい因子に絞る

実験を少なくするには、効果の大きな因子を見極めることも重要です。それには主効果が大きく、交互作用の少ない因子を検討します。ここで、交互作用とは、例えば湯沸かしポットの断熱材の保温性能を確認する実験で、断熱材の密度と材料の種類の2つの因子を対象にしたときに、密度の水準の変化と材料の水準の変化が互いに独立ではなく、交互に影響を受ける場合を「交互作用がある」といいます。実験を行う前に簡単な2因子実験などで交互作用のあるものを取り除いておくか、統計で繰り返しのある2元配置の分散分析などを使って交互作用による

図表8-2　目的機能で因子を絞る考え方

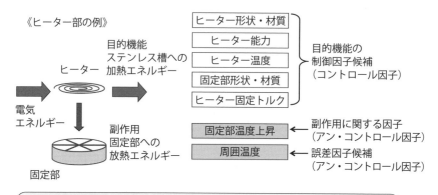

変動分を把握する方法もあります。

③過去の結果から因子を絞る

今までに観察された事象、データを使って因子を絞ることもできます。効率的に情報を整理しながら行う方法として、早期原因究明ソリューションでも紹介した1対比較法を使うこともできます。

1対比較法を使って特性要因図で挙げた要因の中から、事実に基づいて因子を絞ることができます。また、過去のデータから統計的な処理によって、因子効果を見て、因子を絞ることもできます。さらに、複数の要因による過去のデータが多く取得されている場合はTMのMT法を使った要因の絞り込みも使えます。これも「早期原因分析ソリューション」で紹介していますので、詳細はそちらを参照ください。いずれも過去の既存データがあって、実験を始める前にデータだけで因子を絞りたい場合に使える方法です。

④現実的でない組合せを取り除く

現実の活用状況ではありえない因子の組み合わせを取り除くことでも、実験を少なくできます。

例えば、**図表8-3**に示すように、ヒーターの温度と加熱時間の水準を複数変化させた実験を行う場合に、熱エネルギーという視点から見ると、熱エネルギーは

図表8-3　エネルギー視点での因子絞り込み

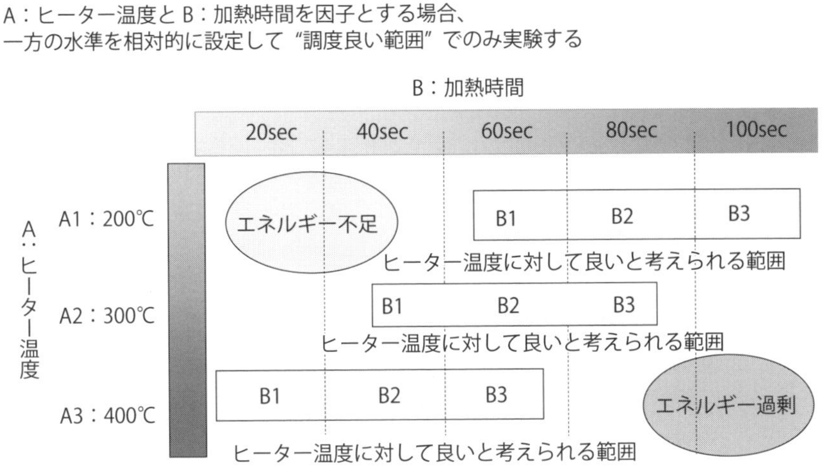

A：ヒーター温度とB：加熱時間を因子とする場合、
一方の水準を相対的に設定して"調度良い範囲"でのみ実験する

温度×加熱時間の積で表されますから、積が極端に大きいエネルギー過剰な場合と小さいエネルギー不足の場合は現実場面での組み合わせとしてはあり得ないと判断して、因子の水準を減らすことができます。

エネルギー視点というのは、このような熱エネルギーだけでなく、力学的、電気的エネルギーでも持っておくと因子を絞り込むヒントになります。

⑤**因子同士を組み合わせる**

例えば湯沸かしポットでヒーターとヒーター固定部の因子としてクリアランスと偏心量のような因子があった場合に、精度的な善し悪しのように明らかに良い組み合わせと悪い組み合わせが特定できる場合は両極端の状況だけを確認することにすれば因子の水準数を減らすこともできます。これは、特性と関係する因子を見たときに、実験の目的に対して影響となる要因の複数の大小の組み合わせを推定できる場合は有効です。事例のような精度の善し悪しのほかにも、画面の鮮明度の善し悪し、面粗さの善し悪し、などさまざまな善し悪しを考えることができます。

(3) 実験・評価の回数を減らす

要因の効果を見極めるために、効率的な組合せの検討に実験計画法やTMで使う直交表を使うのは非常に有効です。直交するということは、どの因子の水準に着目しても、ほかの因子のすべての水準が、同数ずつ実験されており、因子の水準に"バランス"がとれていることといえます。

例えば、先のヒーター部の最適設計を行う場合の関係因子が**図表8-4**に示すように8因子あった場合、全組の実験数は4374通りになってしまいますが、直交表を使うことで18回の実験で要因の効果を評価することができます。

(4) 少ないデータで正確に把握する

実験や評価では、少ないサンプリングの手元データ（標本）から全体（母集団）の傾向を把握することが多くあります。

例えば、生産している湯沸かしポットのヒーターを新規のメーカーに切り替えた場合に、ヒーター交換前後の湯沸かしポットの加熱速度の差異があるか否かを生産された30個の抜き取りサンプルで確認したいとします。

図表8-4　ヒーター部の因子の直交表

要因	水準		
	1	2	3
A：ヒーター電力	大	小	−
B：ヒーター形状	大	中	小
C：ヒーター寸法	大	中	小
D：固定部形状	大	中	小
E：固定部寸法	大	中	小
F：締め付けトルク	大	中	小
G：固定部材質	鉄	アルミ	銅
H：周囲温度	0℃	20℃	40℃

直行表 L18

実験No	要因							
	A	B	C	D	E	F	G	H
1	1	1	1	1	1	1	1	1
2	1	1	2	2	2	2	2	2
3	1	1	3	3	3	3	3	3
4	1	2	1	1	2	2	3	3
5	1	2	2	2	3	3	1	1
6	1	2	3	3	1	1	2	2
7	1	3	1	2	1	3	2	3
8	1	3	2	3	2	1	3	1
9	1	3	3	1	3	2	1	2
10	2	1	1	3	3	2	2	1
11	2	1	2	1	1	3	3	2
12	2	1	3	2	2	1	1	3
13	2	2	1	2	3	1	3	2
14	2	2	2	3	1	2	1	3
15	2	2	3	1	2	3	2	1
16	2	3	1	3	2	3	1	2
17	2	3	2	1	3	1	2	3
18	2	3	3	2	1	2	3	1

　平均で見て新部品の加熱速度が5％改善された結果が得られた場合に、その結果が生産される湯沸かしポット数1000台を代表する違いなのか、それとも誤差の範囲内なのかを判断するのが「検定」という方法です。検定とは、**図表8-5**のようにデータであるサンプルをもとにして検定統計量を計算し、「母集団」に関する各種の仮説に関する判断を行います。
　このように**統計の手法を使って少ないサンプルの結果から多くの母集団を予測するには、サンプルの評価データが正しく誤差を管理した下で測定したかが最も**

重要になります。そのベースとなるのが正規分布です。

「正規分布」となるような測定を行うには「よく管理された測定」を行う必要があります。すなわち、この誤差の中で偏りを持った系統誤差をコントロールして偶然誤差に転化し、偶発誤差も小さくすることで、信頼性を高めます。これが以下に説明する「フィッシャーの3原則」です。

①**繰り返すこと（反復）**：偶然によるバラつきを少なくするため（偶然誤差を少なくする）。

②**無作為化**：偏りのない標本抽出をすること（系統誤差を少なくする）。

（例）測定者をランダムに決めて測定を行う。

③**局所化（ブロック化）**：調べる要因以外のすべての要因を可能な限り取り除く。

（例）年齢の影響を除くために、サンプルの年齢をできるだけ等しくする。

取得したデータが正規分布か否かを判断するには、一般的にはヒストグラムを確認して、左右対称で、形状が釣鐘型の特徴から判断します。また、少なくとも50以上のデータから、エクセルの「基本統計量」を使って、対称性を表す「歪度」、分布の裾の長さ（頂点の尖りの度合い）を表す「尖度」が共に±1以下であれば、「だいたい正規分布」とみなすことができます。

図表8-5　検定を使った予測

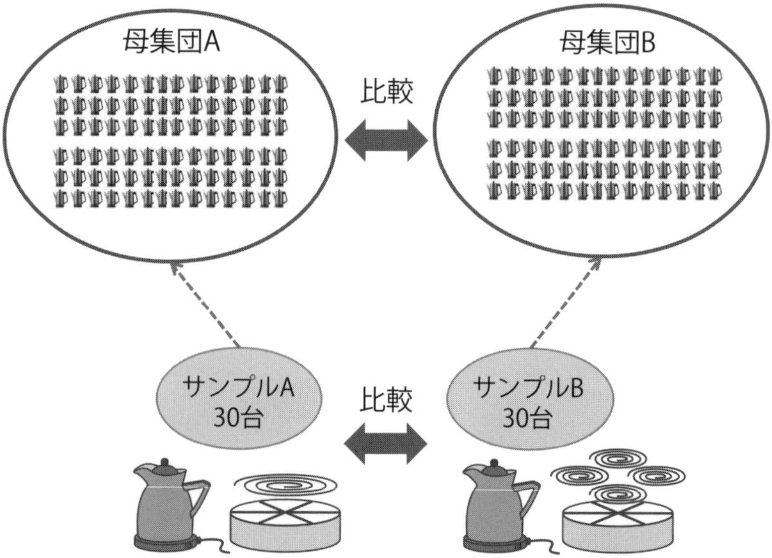

> **ポイント**
>
> - 実験や評価で開発全体の効率を上げるには以下を検討するとよい。
>   ①実験・評価の範囲を絞る、②実験・評価の因子、水準を少なくする、
>   ③実験・評価の回数を減らす、④少ないデータで正確に予測する
> - 実験の因子を少なくしたい場合は以下のことを考慮するとよい。
>   ①目的機能で因子を絞り込む、②効果の大きい因子に絞る、
>   ③過去の結果から因子を絞る、④現実的でない組合せを取り除く、
>   ⑤因子同士を組み合わせる
> - 統計の手法を使って少ないサンプルの結果から母集団を予測するには、サンプルの評価データが「正規分布」であることを確認する。
> - 正規分布となるデータを得るには、「フィッシャーの3原則」、①繰り返すこと（反復）、②無作為化、③局所化（ブロック化）に従った測定を行う。

8.2 データから母集団を把握する

ここでは統計の「検定」を使って、少ないサンプルから母集団の状態を把握する方法を紹介します。統計的な処理もエクセルの分析ツールを使うことで容易にできます。

(1) エクセルのデータ分析ツールを活用する

最初にエクセルに分析ツールを入れたうえで、**図表8-6**のように「データ」→「データ分析」を選んで適用する分析ツールを選択します。図は分散分析を選んだ場合の事例です。次に**図表8-7**に示すように「繰り返しのない分散分析」→解析範囲を指定すると、**図表8-8**に示すように分析結果が指定場所に表示されます。

図表8-6　分析ツールの選択

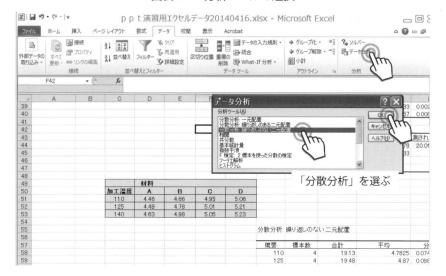

図表8-7　解析範囲、出力場所の設定

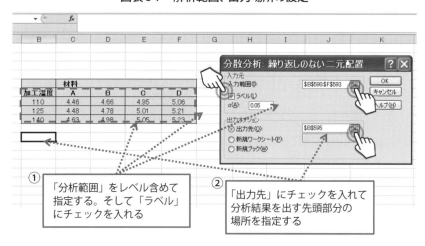

① 「分析範囲」をレベル含めて指定する。そして「ラベル」にチェックを入れる

② 「出力先」にチェックを入れて分析結果を出す先頭部分の場所を指定する

（2）平均値を判定するt検定

　2つのデータ群を比較して、平均値またはバラツキに差があることを確認したいときにはt検定を使います。先に紹介したエクセル分析ツールを使います。

　図表8-9に示すように、分析ツールで「t検定：等分散を仮定した2標本による

図表8-8　分析結果の表示

検定」を選択してデータ範囲を設定すると、判定結果がp値で示されます。ここで、p値とは仮説判定を行う時の仮説が成立する確率のことです。

検定の仮説は以下の対立仮説と帰無仮説があります。

・「AとBの平均値に差がある」を証明したい（対立仮説）
・「AとBの平均値は等しい」を証明したい内容と反対の仮説（帰無仮説）

統計では一般に帰無仮説を使います。A≠Bを証明するにはA＞Bの場合、A＜Bの場合、または、その差異の程度を証明しなければならないが、A=Bが成り立たないことを証明するにはイコールにならない事例を1カ所示せば済むからです。サンプルの平均の差の分布を見ると、平均0を中心とした左右対称の**図表8-10**で示すような分布（t分布）となります。

　帰無仮説が成り立つ領域とは2標本の平均の差は誤差の分布の範囲内（＝差に意味はない）となります。この仮説が成立する確率p値といいます。p値が5%以下であれば、めったに起こらないことが起きたとして帰無仮説を棄却します。この5%を有意水準（＝差に意味がある）といいます。

図表8-9　データ分析ツールでt検定の選択

「t検定：等分散を仮定した～」を選択して必要事項を入力

t検定：等分散を仮定した2標本による検定

	従来工法	新工法
平均	7.21	9.61
分散	6.91	5.18
観測数	10	10
プールされた分散	6.05	
仮説平均との差異	0	
自由度	18	
t	-2.18	
P（T<=t）片側	0.021	
t 境界値 片側	1.73	
P（T<=t）両側	0.043	
t 境界値 両側	2.10	

このP値が判定基準

【判定基準：P値】
P≦0.05…有意差あり
　⇒平均値に差があるといえる
P>0.05…有意差なし
　⇒平均値に差があるとはいえない

図表8-10　帰無仮説が成立する範囲

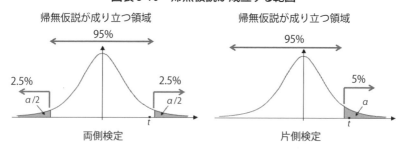

　対立仮説の設定によって、検定には両側検定と片側検定があります。両側検定は棄却域が両側にあり、有意水準が5%の場合は両端の確率の合計が5%となります。対立仮説が、平均の差に違いがあることを検証したいときは「両側検定」を、平均の差が、大きくなった、小さくなったなどの大小の方向性を検証したいときは「片側検定」を使います。通常t分布や標準正規分布を用いる検定では両側検定を使うのが慣習になっています。また、カイ2乗分布やF分布を用いる検定では、統計量の定義域が正の値しか取らないことから、通常片側検定を用いることが慣習になっています。

（3）分散の違いを判断するF検定

2つの母集団から抜き取ったサンプルから計算した分散V_A、V_Bが同じ集団か否かを、その比率$F = V_A/V_B$で表されるF値で判定することをF検定といいます。湯沸かしポットの製造現場での部品の長さに関して、Aという母集団から抜き取ったサンプルを計測した分散V_Aと、Bという母集団から抜き取ったサンプルを計測した分散V_Bがあった場合に、2つの母集団が同じ分散であるならば、F値は確率分布のグラフになります。Fが大きい場合と小さい場合p値は小さく、母集団Aと母集団Bは分散が異なる集団と判定することになります。

検定にはt検定、F検定以外に、カイ2乗検定というのもあります。**カイ2乗検定はアンケートなどで嗜好と年代の関係などのクロス集計表などから実測された頻度が期待値（理論値）と差があるか否かを検討したいときに使います。**カイ2乗検定だけは、エクセルのデータ・ツールにはないので、CHITESTやCHIINVといった関数を使って検定します。詳細については専門書を参照ください。

ポイント

- 2つのデータ群を比較して、平均値またはバラツキに差があることを確認したいときにはt検定を使う。
- 検定の仮説は対立仮説と帰無仮説があり、「AとBの平均値に差がある」を証明したい場合、「AとBの平均値は等しい」と反対の仮説（帰無仮説）を使う。
- 帰無仮説が成立する確率をp値といい、p値が5％（有意水準＝差に意味がある）以下であれば、めったに起こらないことが起きたとして帰無仮説を棄却する。
- 2つの母集団から抜き取ったサンプルから計算した分散V_A、V_Bが同じ集団か否かを判定することをF検定という。
- カイ2乗検定はアンケートなどで嗜好と年代の関係などのクロス集計表などから実測された頻度が期待値（理論値）と差があるか否かを検討したいときに使う。

8.3　データから要因効果を予測する

取得したデータから要因の効果を予測する場合は、**図表8-11**に示すように、パラメータ（因子）の数により、相関分析、回帰分析や品質工学T法を使います。

（1）相関分析

2つのパラメータ間に関連があることを主張したいときには相関分析を使います。例えば湯沸かしポットのヒーターを押さえているヒーター固定部のバネ材の曲げ強さが、材料に含まれる成分X、Y、Zによってどの程度影響があるのかを調べ、「曲げ強さと成分Xは相関係数が0.7以上ある。」といいたい場合に使います。**相関係数は先の基本的な考え方でも説明したように、一般には0.7以上あれば相関が強いといえます。**

相関係数を求める場合もエクセルのデータ分析ツールを使えます。

（2）回帰分析

回帰分析は要因パラメータxを振ることで評価値yを変えることができること

図表8-11　要因効果の予測方法

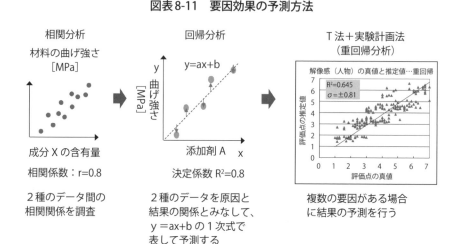

を確認したいときに使います。xを説明変数といい、yを目的変数といいます。例えば、湯沸かしポットの内装のある部材が室温に対してどのように依存するかを評価したい場合に、部材温度をyとすると、yは室温xとして　y=ax＋bという1次式で表され、aを回帰係数、bを切片といいこの式を回帰式といいます。回帰式の当てはまり具合は決定係数（寄与率）R^2で表され、$R^2 > 0.7$であれば、当てはまりが良いといえます。

　回帰分析の手順を事例で説明します。まずは**図表8-12**に示すようにx、yのデータから散布図を作成します。エクセルのグラフツールを使って散布図を選定し、散布図が得られたら、近似曲線の追加を選択すると、**図表8-13**に示すように回帰直線と回帰式が表示されます。

　この場合、**yの母平均を統計的に見積もることを「推定」といい、独立変数xに対してyの実際に実現する値を個別に知ろうとすることを「予測」といいます。**

　推定では回帰直線に対して標本の平均に近いところでは信頼区間の幅が小さく、データの端になるとかなり信頼区間の幅が広くなる傾向にあります。

　すなわち、**回帰分析では回帰式を求めたデータより外側を推定しようとすると**

図表8-12　回帰分析：散布図の作成

①エクセル「挿入」→「グラフ」→「散布図」x-yの散布図を作成する
②グラフをハイライトして右クリックし、「近似曲線の追加」を選択する

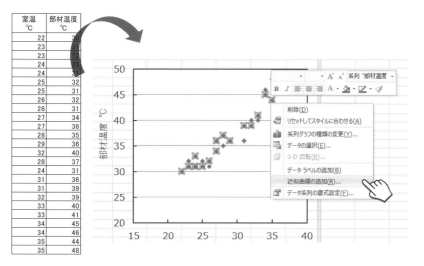

図表8-13　回帰直線を得る

③「グラフに数式を表示する」「グラフに R-2 乗値を表示する」にチェックを入れる
④回帰直線と回帰式が表示される

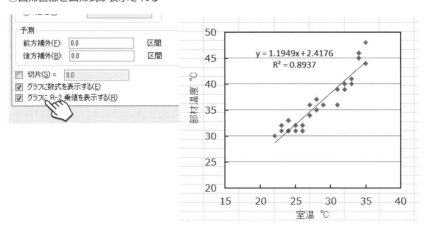

誤差が大きくなります。また、推定では標本数が増えれば増えるほど、推定の信頼区間は0に近づきます。一方、予測では、元々yの持つ誤差より精度が良いため**予測はできません**。予測の信頼区間は推定に比べてずっと大きくなります。このような推定と予測の精度については概略の傾向を把握しておきましょう。

図表8-14には、分析ツールの「回帰分析」を使って、推定のデータを得た結果を示します。まず、先の測定結果のXとYの入力範囲を指定します。

次に出力先を指定します。そうすると出力結果が表示されます。分散分析表の「有意F」を確認して、回帰関係でこの推定を使う意義があるかを確認します。この値が0.05より小さければ、母集団についても「$y = 1.1949x + 2.4176$」が成り立つと仮定しても良いことを示しています。

回帰式の精度は重決定係数R^2という統計量で表され、データ全体の何%を回帰式によって表現できているかの寄与率を表しています。また、95%の信頼区間が分散分析表に表示されています。このような結果を使って、回帰式を推定に使えるかを判断します。

（3）品質工学T法を使った予測

多くの説明変数を持つ場合の目的変数の推定や予測を行いたい場合には重回帰

図表8-14　回帰分析での推定

⑤推定に使う単回帰式を求める

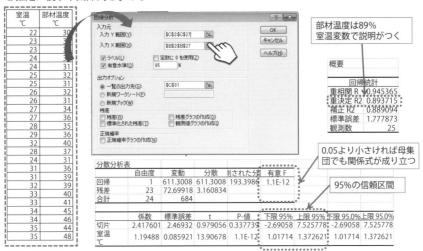

分析を用いますが、あまりにも相関の高いデータ同士が含まれていると、重回帰式を求められないリスクもあります。これを「多重共線性」といいます。また、サンプル数を説明変数よりも多くしないと重回帰式は求まらないという制約もあります。そのような制約がある場合はTM（品質工学）のT法を使った解析方法も知っておきましょう。

　品質工学のT法とはMTシステムの1種です。MTシステムは「早期原因究明ソリューション」でも出てきましたね。**MTシステムとは、正常な集団または定常状態（＝均一な集団）を判断基準とし、状態が未知のサンプルの正常集団からの離れ具合を定量評価するものです。**

　理想からの離れ具合を評価する目的は同じですが、理想とする状態をどの集団に置くかによってMT法とT法は異なります。**図表8-15**に示すように、MT法では圧倒的に多い正常な健康な集団を基準として、不健康な人の離れ具合を評価します。これに対してT法では、不動産価格の分布のように多い集団がヒストグラムの中央部分にあるような場合に最頻度の価格帯に対する離れ具合を評価します。

　すなわち、**MT法は理想とするデータ群が分布の端にある場合の評価、T法は理想とするデータ群が分布の中間にある評価**といえます。

図表8-15　MT法とT法

> 理想とするデータ群（単位空間）が"端"にある場合……MT法
> 理想とするデータ群（単位空間）が"中間"にある場合……T法

単位空間（ヒストグラムの最頻値）が"端"にあるとMT法を使う

例）OK、NG等の判定に使う

－健康度の評価－

単位空間（ヒストグラムの最頻値）が"中間"にあるとT法を使う

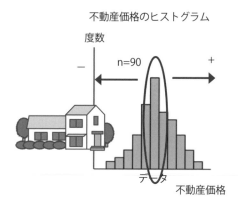

　T法は多くのデータから理想とする予測式を得て、いろいろなパラメータの予測を行うのに使う手法です。予測式は複数の要因パラメータからなる出力の多項式となります。

　T法適用のわかりやすい事例として、不動産価格の予測を説明します。**図表8-16**に示すように、不動産鑑定士は、新たな物件の不動産価格を見積もるときに、物件の駅への距離、土地面積、間取り、南向きか否かなど、さまざまな条件の価格情報の集合から、相場を把握して、対象の物件の価格を予測します。

　すなわち、物件の価格は相場の情報から、住宅の条件で決まることになります。この情報の集合、相場から、価格を決めるための条件パラメータの予測式を得るのがT法です。図のように、目標とする不動産価格の真値を理想として、真値と予測値が1：1のリニアな関係となるようにパラメータ項目の選択をしながら予測精度を上げていきます。T法では真値とT法で予測した推定値を回帰分析して妥当性を判断します。$R^2 > 0.7$以上あれば信頼性あり、$R^2 > 0.5$以上でおおむね信頼性ありです。

図表8-16　T法による予測

鑑定士による新たな物件の価格の判定

	駅への距離(km)	土地面積(坪)	間取り	価格(万円)
物件1	3.5	45	… 3LDK	2,500
物件2	1.5	50	… 4LDK	3,500
⋮	⋮	⋮	⋮	⋮
物件50	0.7	60	… 4LDK	5,000

不動産価格に効く条件を相場と経験から把握

鑑定士の頭の中（価格予想）

価格 = a_1[駅への距離] + a_2[土地面積] + … + a_n[間取り]

　複数の因子の関係式を作るという点では、T法は重回帰分析と異なり、データ数＞パラメータ数の制約がありません。また、不動産データの中に、「駅からの徒歩時間」と「駅からの距離」のような同じ意味合いの説明変数が入っている場合、重回帰分析では多重共線性で解析できないのに対して、T法はそういった制約がないので扱いやすいのがメリットです。

　T法と重回帰分析の解析イメージを**図表8-17**に示します。重回帰分析が最小2乗法の考え方で変数の係数を求めているのに対して、T法では変数の全分散に対する対象変数の分散から求めているイメージです。T法では専用の解析ソフトもありますので、活用すると良いでしょう。本書では、具体的な解析方法については専門書に委ねますが、T法をシミュレーション実験のように使って、実験計画法で要因効果を求める方法について紹介します。

①T法の予測精度を確認する

　T法の場合も回帰分析と同様に、得られた予測式が、母集団を予測するに足る精度があるかを最初に確認します。**図表8-18**にその手順を示します。真値とT法で予測した推定値を回帰分析して妥当性を判断します。$R^2 > 0.7$以上あれば信頼性あり、$R^2 > 0.5$以上でおおむね信頼性ありと判断してよいでしょう。

②T法＋実験計画法（DOE）を組み合わせた要因予測

先の手順でT法の精度がある程度あることを確認できたら、これを仮想実験系とみなして、予測したいパラメータを直交表に割り付けて、その実験結果をT法の関係式により求めて入力します。通常の実験計画法と同様に、各パラメータの

図表8-17　重回帰分析とT法の解析イメージ

$$Y = a_1 X_1 + a_2 X_2 + \cdots\cdots + a_n X_n$$

■2つ以上の説明変数（独立変数） $X_1, X_2 \cdots\cdots X_n$

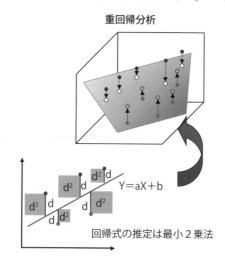

重回帰分析

$Y = aX + b$

回帰式の推定は最小2乗法

■目的変数（従属変数）Yを表わす方程式

品質工学T法による分析

$$Y = a_1 X_1 + a_2 X_2 + \cdots\cdots + a_n X_n$$

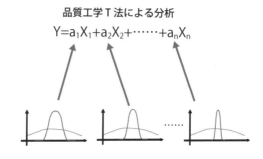

分散分析による因子効果

T法では因子効果をすべての因子による全体の分散の中の1因子の分散（SN比）から効果を求めて、係数を算出している

図表8-18 T法の予測精度を確認

①データベースを準備する

―（例）不動産価格の予測―

	X_1： 駅への距離	X_2： 土地の広さ	…	X_{15}： 間取り	Y： 価格
物件1	3.5	45	…	3LDK	2500
物件2	1.5	50	…	4LDK	3500
…	…	…	…	…	
物件50	0.7	50	…	4LDK	4000

②T法分析ソフトを使って予測式を作る

$$Y = a_1X_1 + a_1X_1 + \cdots\cdots + a_{14}X_{14}$$

③予測の精度を評価する

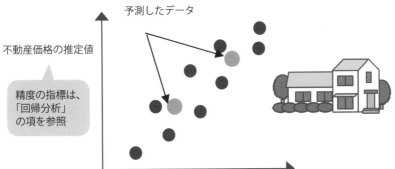

予測したデータ

不動産価格の推定値

精度の指標は、
「回帰分析」
の項を参照

不動産価格の真値

要因効果を得て、いろいろな検討に役立てます。複数の要因が絡んでわかりにくい官能評価などの事象をT法で把握して数式で表現し、システムの具体的なパラメータ設計については実験計画法で求めることで、官能評価への最適設計を行いたい場合など、T法＋実験計画法は非常に応用範囲の広い手法です。

> **ポイント**
>
> ◆ 2つのパラメータ間に関連があることを主張したいときには相関分析を使う。相関係数は、一般に0.7以上あれば相関が強いといえる。
> ◆ 回帰分析は要因パラメータxを振ることで評価値yを変えることができることを確認したいときに使う。xを説明変数といい、yを目的変数という。
> ◆ 回帰分析では、yの母平均を統計的に見積もることを「推定」といい、独立変数xに対してyの実際に実現する値を個別に知ろうとすることを「予測」という。
> ◆ 回帰分析の推定では、回帰式を求めたデータより外側を推定しようとすると誤差が大きくなる。また、標本数が増えれば増えるほど、推定の信頼区間は0に近づく。一方、予測では、元々yの持つ誤差より精度良く予測はできない。
> ◆ 多くの説明変数を持つ場合の目的変数の推定や予測を行いたい場合には重回帰分析以外に品質工学　T法＋実験計画法を使うことができる。

Column

データを扱えれば「Industrie 4.0」なんか怖くない

　モノづくりに関連している人ならば、ドイツ政府が産官学の総力を結集し、モノづくりの高度化を目指す高度技術戦略プロジェクト「インダストリー 4.0（Industrie 4.0）」という言葉を聞くことが多くなってきたと思います。

　このプロジェクトは「つながる工場」としてインターネットなどの通信ネットワークを介して工場内外のモノやサービスを連携させ、今までにない新しい価値を創造し、新しいビジネスモデルを構築しようとしています。

　工場をデジタル化して人や設備を連携させて効率を上げるには、例えば、匠の技術をセンサーで検出して定量化する、官能評価を定量化する、設備や作業の自動化でバラツキを減らすなどが検討されており、膨大なビック・データから特性やパラメータの関連性を見出したりするのに、統計的なデータ処理、実験計画法、品質工学の知識は必須となっています。

　また、機械や人の動作分析には、機能の空間的、時間的分析のような、情報分析も必須となってきています。

　Industrie 4.0 や IoT（Internet of Things）のように「ネットワークで繋ぐ」というとそのハードやソフトの技術に目が行ってしまいますが、根幹にあるのは、ネットワークに載せるためのデータ化に至るまでの過程で、いかに効率良く事象を把握するかということです。

　是非、皆さんも本章で紹介されているような実験・評価を効率化する手法を身につけて、「ネットで繋がる世界」への不必要な恐怖感は脱ぎ去りましょう！

第9章 リスク回避ソリューション

　最近は、開発だけでなく広範囲な業務にわたってリスク対応を要求されるようになってきました。そのような流れに合わせてISO9001も2015年版から、予めリスクを考慮したマネジメント・システムの構築が要求されるようになり、リスク対策は開発プロセスの中でも必須になりつつあります。

　本章では、リスクの考え方と知識を整理したうえで、目的別に効率良くリスクを分析し対策をとる方法を紹介します。

9.1　リスクの基本的な考え方

（1）規格として定義されているリスク

　安全面でのリスクの定義は「危害の発生確率と危害のひどさの組合せ」となっています。安全面でのリスクマネジメントの標準としては　ISO/IEC GUIDE 51（安全側面、規格への導入指針）の下に基本安全規格、グループ安全規格、個別機械安全規格の3つに階層化されており、その最上位にISO12100があり、機械類の安全性－基本概念、設計のための一般原則が規定されています。

　従来の安全面で発達してきたリスクマネジメントに加えて最近では保険分野や内部統制などの経営分野でもリスクマネジメントの概念が謳われ始めてきています。その流れに応じて2009年にリスクマネジメントに関する国際標準規格ISO31000（リスクマネジメント　原則及び指針）が発行されました。

　この特徴は企業などの組織のリスクに焦点を当て、**組織経営のためのリスクマ**

ネジメントを明確にしたことです。合わせてリスクマネジメント用語に関する国際標準規格ISO GUIDE73が改訂され、ここではリスクは、「目的に対する不確かさの影響」と定義されています。

　このような状況を受けて、ISO9001の2008年版では推奨事項でしたが、2015年の改訂版で要求事項の中に「リスク」という言葉が登場しました。「6.　計画」において、「リスクおよび機会」へ対処を考えることが要求されています。この「リスク」とは、組織の目的を達成する「妨げ」となるもの、「機会」とは、組織の目的を達成する「助け」となるものとされています。リスクが要求事項に組み込まれたのは、これらのリスクによって顧客満足が満たせなくなるという状況を避けたいという意図です。

(2) リスクを管理するための基本プロセス

　リスクを管理するフローはISO31000で定義されています。その中のリスクアセスメントプロセスは下記のようになっています。

①リスク特定
　リスク特定とは、リスクを発見するだけでなく、リスクを認識し記述することまで含まれます。

②リスク分析
　リスク分析とは特定したリスクへの理解を深めることであり、リスクの原因、リスク源、危害の大きさおよび起こりやすさに影響を与える要素を分析します。

③リスク評価
　リスク評価では、リスク基準とリスクレベルとの比較を行います。この比較に基づいて対応の必要性を決めます。

④リスク対応
　リスクの回避、リスク・テイク、リスク源の除去、起こりやすさの変更、結果の変更、リスクの共有などの対応を行います。

　本書で紹介するリスク分析、評価、対策の流れも基本的には上記手順と同じです。

(3) リスク分析を効率化する基本的考え方

　リスク分析では、理想的には「想定外のリスク」をすべて、網羅的に抽出したい

という要望がある反面、部品の故障や工程作業の小さな誤りからボトムアップの解析をすると膨大な時間もかかります。本書ではこのリスク分析のジレンマを解決して効率的に進めていくために以下の科学的アプローチを使います。

> ①安全リスクと品質リスクの目的で分ける
> ②目的により空間的または時間的リスク分析を使う
> ③リスクは機能で網羅的に抽出し、目的別に優先度を付ける
> ④勘、経験、思い込みを排除した想定、評価、改善を行う

①安全リスクと品質リスクの目的で分ける

本書では、製品や工程に関するリスクマネジメントを行うために、**従来の人への危害を想定した「安全リスク」と、製品や工程機能の逸脱リスクとして「品質リスク」を分けて定義しています**。本書での品質リスクは機能の未達を意味する狭義の品質リスクのことです。

安全リスクと品質リスクのいずれも、リスクの定義は「危害の発生の確率とそれが発生したときの重大性の組み合わせ」(ISO/IEC Guide 51) と同じですが、「危害」の定義が安全リスクと品質リスクでは異なります。

・安全リスクでの危害：人体の健康への被害
・品質リスクでの危害：製品やプロセス（工程）の機能への被害

また、アプローチ方法も**図表9-1**に示すように異なります。

安全リスクは人体危害リスクの低減を目的としますので、人体危害リスクとして大きなエネルギー部位と人の接点に注目します。エネルギー部位としては熱エネルギー（火災、火傷）、電気エネルギー（感電）、力学エネルギー（損傷、切傷、圧迫）、化学エネルギー（汚染、薬害）、放射線エネルギー（被爆）などが相当します。リスクの大きさは人への危害の大きさで評価します。リスクの高い部位への対策としては人が危険源にアクセスするのを防止するガードや危険源を囲む柵などの対策となります。

一方、**品質リスクは機能不全リスクの低減を目的としますので、重要な機能、実績のない機能に注目します**。具体的にはシステムの中での機能重要度（顧客視点）、設計変更部位（実績のない部分）、過去の品質問題発生部位などが相当しま

図表9-1　安全リスクと品質リスクのアプローチの違い

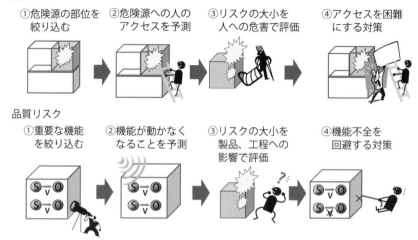

す。リスクの大きさは製品や工程への損害の大きさで評価します。リスク低減策としては機能不全を避けるためのハードウェア、ソフトウェアなどの対策となります。

②目的により空間的または時間的リスク分析を使う

　一般に製品や設備などのシステムの分析には空間的機能系統図を元にした「空間的リスク分析」、工程や操作、手順のリスク分析には時間的機能系統図を用いた「時間的リスク分析」を行います。空間的リスク分析ではシステムの中にリスクがあり、リスクは下位部品から上位ユニット、システムへ伝播、拡大すると考えます。一方、時間的リスク分析では、システムの工程にリスクがあり、リスクは工程の上流から下流へ伝播、拡大すると考えます。

　これは、FMEA故障モード影響解析（Failure Mode and Effects Analysis）という分析法では、設計FMEA（DFMEA）、工程FMEA（PFMEA）に相当します。ただし、FMEAではリスクの特定に構成要素の「故障モード」（Failure Mode）を摘出し、その上位アイテムおよびシステムへの影響を解析します。

③リスクは機能で網羅的に抽出し、目的別に優先度を付ける

　リスク分析は原因分析と同様に漏れのない分析が要求されます。したがって、最終的には**機能系統図を使って機能のツリー構造に沿って上位層から展開して漏**

れのない分析を行います。時間がない場合は機能分析を行わず、部品構成表または工程表を使って直接範囲を決めても良いです。

　安全リスクは危険源有無、さらにはそのエネルギーの大小で優先度を絞り、品質リスクは機能の重要度、実績ない機能で絞ります。

④勘、経験、思い込みを排除した想定、評価、改善を行う

　安全リスクで想定外のリスクを広範囲に抽出するには「ガイドワード」を使い、人のアクセス・シーンを想定します。一方、品質リスクでは、品質不具合原因リスト、原因調査、TRIZ逆転発想法で故障を想定します。このような想定方法で検討する人の勘、経験、思い込みによるバラツキを排除します。

　リスクの低減策を考案する場合には機能ごとに課題を明確にし、TRIZやTMなどを使って解決策を検討します。

> **参考　故障モードは故障事象と異なる**
>
> 　故障モードとは、根本的な故障原因と最終的な故障結果を結ぶ分類概念のことです。例えばパイプなら漏れ、詰まりで、電気回路なら断線、ショート、ドリフト、ノイズ発生で、機械加工なら亀裂、さび、伸縮、塑性変形、脆性破壊というように、各分野で発生し得る不良事象を一般化したものです。したがって、パイプの故障モードである漏れ、詰まりは水道管、石油パイプライン、人体の血管で共通なのです。このように故障モードは、対象システムによらず機能に対して同じモードを想定できるので、故障の予測をするのに便利です。
>
> 　本書では後述するように故障予測に機能で一般化したシステムで考えること、TRIZの発想法も使って想定を行うことにより、故障モードを使用しなくても予測を可能にしています。

（4）リスクの評価方法

　リスクの評価は、大きくは**リスクの定義である「危害の発生確率と危害のひどさの組合せ」で表現します**。これにさらに故障の発見しにくさを加えた方法もあります。また、リスクを評価するということは、対象とするリスクが許容レベルにあるか否かを判断することになります。

　リスクの大きさを評価するのにリスク・グラフ法、リスク・マトリックス法な

ど複数の方法がありますが、本書ではその中からよく使われるリスク・マトリックス法、FMEAのRPN評価法について説明します。

リスク・マトリックス法は、**図表9-2**に示すような日本科学技術連盟が提供するR-Map手法[1]が知られています。リスク許容レベルが以下のように詳細に定義されています。

- A領域：受け入れられないリスク領域
- B領域：危険／効用基準あるいはコストを含めてリスク低減策の実現性を考慮しながらも、最小限のリスクまで低減すべき領域
- C領域：無視できると考えられるリスク領域

FMEAでは故障の結果の重大さ×故障発生の頻度に加えて、故障発見の確率を掛け合わせたものをRPN（Risk Priority Number）として定義しています。

- RPN＝故障の結果の重大さ×故障発生の頻度×故障発見の確率（発生頻度には危険源の危険発生頻度と危険源へのアクセス頻度を含む）

RPNは各項目を1～5、または1～10などのスコアで表し、掛け合わせた数値です。RPNが大きければ対策を取ります。R-Mapに故障発見の確率が加わった分、精度が高いように見えますが比較にはなりません。**これは典型的な意思決定基準として簡易的に用いる指標であると考えたほうがよいでしょう。**

図表9-2　日科技連R-Map手法

発生頻度	件/台・年		0	I	II	III	IV
5	10-4超	頻発する	C	B3	A1	A2	A3
4	10-4以下～10-5超	しばしば発生する	C	B2	B3	A1	A2
3	10-5以下～10-6超	時々発生する	C	B1	B2	B3	A1
2	10-6以下～10-7超	起こりそうにない	C	C	B1	B2	B3
1	10-7以下～10-8超	まず起りえない	C	C	C	B1	B2
0	10-8以下	考えられない	C	C	C	C	C
			無傷	軽微	中程度	重大	致命的
			なし	軽傷	通院加療	重症入院治療	死亡
			なし	製品発煙	製品発火製品焼損	火災	火災建物焼損
			0	I	II	III	IV

危害の程度

> **参考** リスク評価の真意は失う価値（金額）を見積ること

　リスクの大きさや許容レベルを決めるのに当たっては、関係者の感覚的な判断が入りやすいのですが、リスクを考える際に迷う場合は、失う価値、金額を見積もってみると、明確に判断できるようになります。

　想定した事故が起きれば大きな損失を被るわけですから、その損失を極力、金額で表してみましょう。人命であっても、無限大というわけではありません。保険業界ではすでに細かな条件により命の値段を見積もっています。

　したがって、確率と危害の大きさを掛けたリスクの大きさは、最終的に金額に換算できます。また、リスク低減には対策費用がかかります。この対策費用を投じるかの判断は、リスクで想定した損失金額がリスク対策費用より大きく上回る場合に投じるべきですね。

ポイント

- リスクの定義は安全面では「危害の発生確率と危害のひどさの組合せ」、広義の定義として組織経営でのリスクは「目的に対する不確かさの影響」である。
- リスクの管理プロセスとは、①リスク特定、②リスク分析、③リスク評価、④リスク対応の手順となる。
- リスク分析を効率化するには、①安全リスクと品質リスクの目的で分ける、②目的により空間的または時間的リスク分析を使う、③リスクは機能で網羅的に抽出し、目的別に優先度を付ける、④科学的手法により勘、経験、思い込みを排除した想定、評価、改善を行う。
- 安全リスクは人体危害リスクの低減を目的とし、人体危害リスクとして大きなエネルギー部位と人の接点に注目する。
- 品質リスクは機能不全リスクの低減を目的とし、重要な機能、実績のない機能に注目する。
- 製品や設備などのシステムの分析には空間的機能系統図を元にした空間的リスク分析、工程や操作、手順のリスク分析には時間的機能系統図を用いた時間的リスク分析を行う。

- リスク分析は機能系統図を使って機能のツリー構造に沿って上位層から展開して漏れのない分析を行う。安全リスクは危険源の有無、さらにはそのエネルギーの大小で優先度を絞り、品質リスクは機能の重要度、実績のない機能で絞る。
- リスクの大きさはR-Map法では「故障の結果の重大さ×故障発生の頻度」、FMEAのRPN法では「故障の結果の重大さ×故障発生の頻度×故障発見の確率」で表す。いずれも典型的な意思決定基準として簡易的に用いる指標である。

9.2 安全リスクの分析・評価

安全リスクに関して分析を行っていく手順について詳細に説明します。

(1) 取り組み範囲の決定

最初に部品構成表、工程表から機能系統図を作成します。対象とするシステムの全体を把握したうえで、リスク分析を行う範囲を決めます。この後のプロセスで、危険源の高い部位を抽出しますので、この段階での範囲設定は、リスク評価を行う対象を決めることを目的とします。

「安全リスク」は危険源、品質リスクは機能重要度、実績のない機能で絞り込むこともできます。

(2) 危険源の抽出

空間分析（設計FMEA）の場合は、部品構成表を元に、時間分析（工程FMEA）の場合は工程表を元に危険源をチェックします。分析対象とした範囲について、**図表9-3**に示すフォーマットを使って危険源に照らしてチェックを入れます。

この各種危険源は、**図表9-4**のようになっています。危険源についてはJIS B 9702（機械類の安全性―リスクアセスメントの原則）に記載されており、**機械的**

図表9-3 危険源のチェック

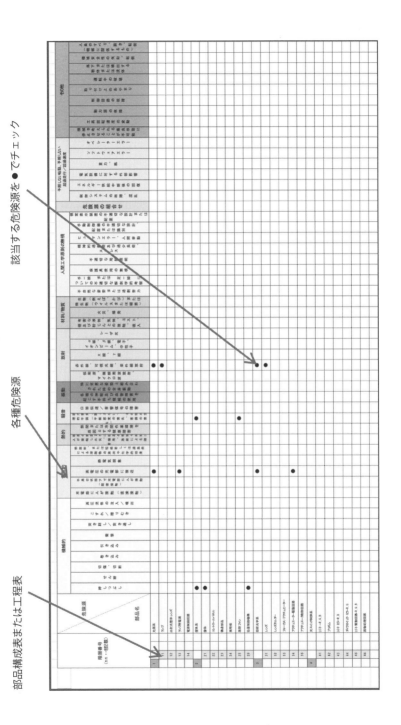

第9章 リスク回避ソリューション

製品開発は"機能"にばらして考えろ 163

図表9-4　危険源の種類(2)

機械的	電気的	熱的
押しつぶし	充電部に人が接触（直接接触）	体や材料に人が接触し火災、爆発、放出
せん断	不具合状態で充電部に人が接触（間接接触）	熱放射、または短絡、過負荷による溶融物の放出
切傷、切断	高電圧の充電部に接近	熱間または冷間作業環境を原因とする健康障害
巻き込み	静電気現象	
引き込み		
衝撃		
突き刺し／突き通し		
こすれ／擦りむき		
高圧流体の注入／噴出		

騒音	振動	放射	人間工学原則の無視
聴力喪失（聞こえない）、その他の生理的不調	手持ち機械の使用時の全身振動	レーザ光	ヒューマンエラー、人間挙動
口答伝達／音響信号の障害	各種の神経及び血管障害を起こす	α線、β線、電子、イオンビーム、中性子	精神的過負荷及び過少負荷、ストレス
	特に劣悪な姿勢と組み合わされた時の全身振動	X線、γ線	不適切な局部照明
		赤外線、可視光線、紫外線放射	保護具使用の無視
		低周波、無線周波放射、マイクロ波	手－腕　または　足－脚の不適切な解剖学的考察
			不自然な姿勢または過剰努力

人間工学原則の無視	予期しない始動、予期しない超過走行／超過速度	その他
手動制御器の不適切な設計、配置	危険源の組合せ	人員のすべり、躓き、転倒（機械に関係するもの）
視覚表示装置の不適切な設計または配置	電気設備に対する外部影響	機械安全性の欠如、転倒
	エネルギー供給中断後の回復	落下または噴出する物体または流体
	制御システムの故障、混乱	運転中の破壊
	重力、風	取り付け上のあやまり
	ソフトウェアエラー	制御回路の故障
	オペレーターエラー	動力源の故障
	機械を考えられる最良状態に停止させることが不可能	工具回転速度の変動

エネルギー、電気的エネルギー、熱的エネルギー、騒音、振動、放射、材料・物質や危険源の組合せがあります。チェックを入れる際には、JIS規格など各危険源に関するより具体的な説明を参考にします。

例えば、機械的危険源については、JIS B 9711には、押しつぶし、せん断、切り傷または切断、巻き込み、引き込み、衝撃、というように詳細な事象別の事例が紹介されていますので、そのような情報も参考にすると良いでしょう。

機構が複雑な設備では、部品レベルでチェックするのは時間もかかりますので、上位層のユニット・レベルで危険源の有無について確認します。

（2）危険源へのアクセス・シーン想定

図表9-5に示すように3W1Hで危険源へアクセスするシーンを想定します。先ほど危険源にチェックを入れた危険源について、危険源の分類と詳細を選択し、その危険源へのアクセス・シーンを3W1Hの表に記載します。ここで、Whenは2種あって、最初のWhen1はガイドワードで、次のWhen2はシーンの時間帯を示しています。

ここでガイドワードとは、HAZOP (Hazard and Operability Studies) 手法で「設

図表9-5 危険源へのアクセス想定

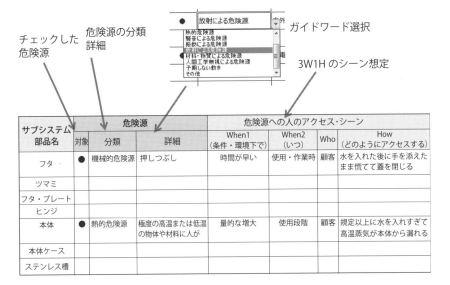

図表9-6　ガイドワード

分類	誘導語	外れの表現
存在	無し (no)	質または量がない
方向	逆（reverse）	質または量が反対方向
方向	他（other than）	その他の方向
量	大 (more)	量的な増大
量	小 (less)	量的な減少
質	類 (as well as)	質的な増大
質	部 (part of)	質的な減少
時間	早 (early)	時間が早い
時間	遅 (late)	時間が遅い
順番	前 (before)	順番が前（事前）
順番	後 (after)	順番が後（事後）

図表9-7　湯沸かしポットのリスク評価事例

危険源への人のアクセス・シーン				リスク評価（R-Map 評価）			
When 1（条件・環境下で）	When 2（いつ）	Who	How（どのようにアクセスする）	重大さ	発生頻度	リスクの大きさ	許容
時間が早い	使用・作業時	顧客	水を入れた後に手を添えたまま慌ててフタを閉じる	I	4	B2	×
量的な増大	使用段階	顧客	規定以上に水を入れすぎて高温蒸気が本体から漏れる	II	1	C	○

計意図からのずれ」を漏れなく洗い出すための案内役として使います。**図表9-6**に示すようなガイドワードを用いて対象とするシステムの機能、特性（機能の程度）と組み合わせることにより、設計意図からのずれを想定します。

例えば**図表9-7**で示した湯沸かしポットの例では、フタ・ユニットでの指の挟

み込み、押しつぶしの危険源に対して、ガイドワード「時間が早い」とのキーワードから、顧客が水を入れた後に、急いで、慌ててフタを閉めるといったシーン想定を行いました。シーン想定には先の機能分析で機能の働きVを強化しようとすると出てくる副作用の情報も参考になります。

（3）リスク評価

想定した危険源へのアクセス事象についてR-Map法またはRPN法でリスク評価を行います。安全では一般にはR-Map法が用いられますが、リスク対策にリスクを見つけやすくするための検出方法を検討したい場合は、発見率も加えたRPN法を用いると良いでしょう。

R-Map評価事例を示します。評価は例えば、**図表9-8**に示すような評価水準で行います。リスクの大きさ、許容の判断には、**図表9-9**を使います。これらの**危害と発生頻度の水準、ランク付け、許容設定**については、部門の方針やシステムの特性に応じて適切なものを決めてください。

図表9-8　R-Map評価水準例

ランク	結果の大きさ	ランク	危険源への アクセス頻度
0	応急処置で仕事に影響を及ぼさない傷害	0	1年に1度程度アクセスする
I	・指、手、足の骨折 　（1カ月以内に仕事復帰可能な傷害） ・完治すると日常生活に影響を及ぼさない傷害 ・仕事に一日以上の影響を及ぼす傷害	1	数カ月に1度程度アクセスする
II	・指、手、足などの切断 ・元通りに回復しない傷害 ・手、足の骨折 　（仕事復帰に1カ月以上を要する傷害）	2	1カ月に1度程度アクセスする
III	日常生活に影響を及ぼす後遺症傷害	3	1週間に1度程度アクセスする
IV	死亡に至る可能性あり	4	1日に1度程度アクセスする
		5	1日に何度もアクセスする

図表9-9　R-Map評価のランク付けと許容設定

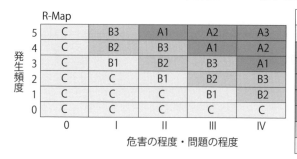

図表9-10　改善計画とリスク評価

リスク評価（Before）			改善計画			リスク評価（After）			
重大さ	発生頻度	リスクの大きさ	許容	リスク回避策	担当者	期限	重大さ	発生頻度	リスクの大きさ	許容
I	4	B2	×	フタと本体の嵌合部に曲面を設けて、応力集中を避ける	山田	2017年3月末	0	4	C	○
II	1C		○	ステンレス槽内面に警告シールを貼り付ける	佐藤	2017年3月末	II	0	C	○

（4）リスクの高い事象への対策計画の策定、リスク低減対策の評価

　リスクが高く許容できない項目にはリスクを低減する改善計画を立てます。

　例えば**図表9-10**に示すように、水を入れた後に手を添えたまま慌ててフタを閉じてしまうリスクについては、評価結果は、「×」なので、フタと本体の嵌合部に曲面を設けて、応力集中を避けるなどの対策を入れます。対策のアイデアはTRIZなどの手法を使ってアイデアを出したりします。

　対策後に同様のリスク評価を行い、評価が「×」が「○」になっていることを確認します。この例では、評価で「○」だったリスクについても検討し、警告ラベル

を貼るなどの検討も加えています。

　以上、空間的な機能系統図を使って安全リスクの手順を説明してきましたが工程設計でのリスク抽出の場合も、基本的な進め方は空間と同じです。

> **ポイント**
>
> - 危険源の分類としては機械的エネルギー、電気的エネルギー、熱的エネルギー、騒音、振動、放射、材料・物質や、危険源の組合せがある。
> - ガイドワードとは、HAZOP手法で使われるもので、「設計意図からのずれ」を漏れなく洗い出すための案内役として使う。
> - 想定した危険源へのアクセス事象は、R-Map法またはRPN法でリスク評価を行う。安全では一般にはR-Map法を用い、見つけやすくするための検出方法を検討したい場合は、発見率も加えたRPN法を用いる。
> - 危害と発生頻度の水準、ランク付け、許容設定については、部門の方針やシステムの特性に応じて適切なものを決める。
> - リスクを軽減する対策を打ったら、その事後にも同様のリスク評価を行い、対策後でリスクの許容評価が「×」が「○」になっていることを確認する。

9.3 品質リスクの分析・評価

品質リスクに関して分析、評価する手順について詳細に説明します。

(1) 取り組み範囲の決定

分析の対象範囲を空間または時間の機能系統図を使って決めます。品質リスクの場合は、機能に関するリスクを想定していくので、機能系統図による範囲設定は必須になります。

(2) リスク対象の絞込み

図表9-11に示すように**機能分析の結果を基に、機能重要度、設計変更部位、過去の品質事故の注目部位から、リスク検討対象を絞り込みます**。

「失われる機能」欄には、さきに記載した機能系統図の各機能が「SはOにVできない」というように否定形で記載されており、「失われた機能」として表示されます。

ここで、機能重要度は「第6章 コストダウンソリューション」でも述べたよう

図表9-11 リスク対象の絞込み

列	内容
部品構成表または工程表	階層構造、サブシステム・部品名
失われる機能(機能の否定形)	失われる機能
機能の重要度を%で記入	機能重要度判定(第1階層/判定/第1階層以下/判定/総合判定)
設計変更部位	設計変更部品変更部位
過去の品質不具合からの注目部位	過去の品質事故からの注目部位
リスク検討対象	リスク検討対象

にいろいろな方法がありますが、代表的な評価法として比例配分法を使った重要度判定を行った例を示しています。この機能重要度の結果と、設計変更を行った部位か否かのチェック、過去の事故があった部位か否かをチェックして、これらより総合的に勘案して優先的にリスク想定する対象を決めます。

品質リスクでは機能が正常に動作しないと困るリスクを予測するので、すべての詳細な部品での機能を評価しようとすると、膨大な時間がかかります。**機能障害での評価は、第1に顧客にとっての損害の見積もりですし、第2に作り手側での損害の見積もりになるので、機能重要度の低いものや実績のある機能は優先度を下げて、優先度の高い機能に着目してリスクを見ていこうという考え方です。**

(4) 機能不全リスクの想定

リスク検討対象について、**図表9-12**に示すように**機能不全を起こす想定原因をリストから選択し、後述する「機能低下ガイドワード」も参考にし、機能不全を起こすシーンを想定します。**

最初に機能ごとに起こりうる故障を「機能不全を引き起こす想定原因」のリスト中から選択して起こりうる事象を想定します。

このリストは**図表9-13**に示すように機能低下として、対象部位の種類に応じて大、中、小分類から機能不全を引き起こす原因を列挙しています。

図表9-12 機能不全リスクの想定

部品構成表または工程表　リスク検討対象　　　　　　機能低下ガイドワード
　　　　　失われる機能　　　　機能不全を起こす想定原因　　　シーン想定

サブシステム 部品名	失われる機能	リスク検討対象	機能不全を起こす想定原因			機能不全のシーン予測		
			大分類	中分類	小分類	機能低下ガイドワード (条件・環境下で)	When	Who	機能を失わせる行為
フタ	本体を開閉することができない								
ツマミ	フタ・プレートを持ち上げることができない								
フタ・プレート	本体のステンレス鍋を開閉することができない								
ヒジ	本体ケースと蓋を保持することができない	○	機械的リスク	設計変更_機械	レイアウト組み合わせ	バランス悪寄せ	使用 作業時	顧客	開閉方向に行過ぎ応力がかかり破損する
本体	沸騰したお湯を注ぐことができない								
本体ケース	ステンレス鍋を回断する体を保持することができない								
ステンレス鍋	水(湯)を蓄えることができない								
目盛窓	内部の残量をユーザーに知らせることができない								
断熱材	ステンレス鍋の熱を保温することができない	○	機械的リスク	設計変更_機械	材料	局部劣化_きずり	製造時	作業者	真空断熱部材の成形に傷をつける
蒸気パイプ	沸騰時に蒸気センサーに伝えることができない								
取っ手	本体ケースを保持することができない								
注ぎ口	沸騰したお湯を移すことができない								

図表9-13　機能不全を起こす想定原因の例

機械的リスク			電気的リスク		
環境_機械	経年変化_機械	設計変更_機械	環境_電気	経年変化_電気	設計変更_電気
温度	老朽化	構造・機構	温度（絶縁不良・特性劣化）	特性劣化（物理・化学的）	回路変更
腐食	腐食	寸法・重量	腐食（接触不良・断線・短絡）	腐食（接触不良・断線・短絡）	基板変更
振動・落下	摩耗	疲労・亀裂	振動・落下（断線・短絡）	摩耗（接点不良・断線）	部品変更・仕様変更
過負荷（応力集中）	変形	レイアウト・組合せ	過負荷（電圧・電流）	タイミングずれ	レイアウト・実装変更
ガタ（隙間）	疲労	材料	ノイズ（電磁波、電源障害）		はんだ条件・リフロー変更
汚れ・塵埃	亀裂	加工方法	汚れ・塵埃		要求仕様・環境変更
		使用環境			テスト方法変更
		試験方法変更			

ソフトウェア リスク		その他
環境_ソフト	設計変更_ソフト	操作
異常処理	要求仕様変更（ソフト）	操作手順の変更
過負荷（アクセス集中）	プログラム変更	異常作業
ノイズ（電磁波、電源障害）	OS・周辺システム変更	操作タイミング変更
ミス・オペレーション	保守方法変更	
	テスト方法変更	

　また、システムの機能低下を引き起こす原因を想定したいときには、技術検索ツールのGoldfireを使うと、機能ごとにキーワードを入れながら、故障原因を調査することができます。その際には「機能＋故障」のようなキーワードを使うと見つけやすいでしょう。

　次に**図表9-14**に示すような機能低下ガイドワードを参考にしながら、先の機能不全原因となる事象をどのようなシーンで起こるかを、When、Who、その行為として想定します。

　ここで、列挙している17個の機能低下ガイドワードは安全で使ったHAZOP手法で使われるものとは異なります。このガイドワードはTRIZの逆転発想法の応用

図表9-14　機能低下ガイワード

先の機能不全原因となる事象をどのようなシーンで起こるかを、
機能低下ガイドワードを参考にしながら、When、Who、その行為として想定する

機能低下ガイドワード （条件・環境下で）	機能不全のシーン予測		
	When	Who	機能を失わせる行為
想定外に時間を短くして悪化させよ	使用段階	顧客	高さ調整で持ち上げて落とす
固化、液化、気化で悪化させよ	使用段階	顧客	レンズ接着剤が高温で気化してレンズに付着
見えないもので障害を起こせ	使用段階	顧客	小型化による電源ノイズの影響を受ける

1	分割して壊せ
2	分離して壊せ
3	局部を悪化させよ
4	バランスを崩せ
5	悪いものを組み合わせよ
6	先に罠を仕掛けよ
7	方向、動きを逆にして悪化させよ
8	1次元を多次元へ広げて悪化させよ
9	繰り返し動作で悪化させよ
10	見えないもので障害を起こせ
11	殻や膜で覆って不具合を見えなくせよ
12	色を変えて特性を悪化させよ
13	固化、液化、気化で悪化させよ
14	想定外に量を増やして悪化させよ
15	想定外に量を減らして悪化させよ
16	想定外に時間を短くして悪化させよ
17	想定外に時間を長くして悪化させよ

として、40の発明原理から導いた意地悪発想的なガイドワードです。

　本来、**逆転発想法は、湯沸かしポットが水を沸かせないようにするには、どんなことを下位機能で引き起こせば良いかを順番に意地悪発想をしていきます**。このような発想法も覚えておくと、想定外のリスクを予想するときに役に立ちます。

| 参考 | **TRIZの逆転発想法** |

TRIZの逆転発想法とは、AFD（Anticipatory Failure Determination、先行的不具合対処）ともいわれ、簡単には、泥棒の目でセキュリティ・システムを見る方法のようなものです。例えば、あなたが金庫を含むセキュリティ・システムの設計者だとします。設計者は必死に、「セキュリティを破られないように」設計しようとしますが、立場を変えて、あなたが泥棒だったら、「どのようにして現在のセキュリティ・システムを破るか」を考えようとするものです。人は立場が変わると、とんでもない意地悪発想をします。その悪知恵をリスク想定に使おうとするものです。本書では、HAZOPのガイドワード方式を参考にして、発明原理の中から意地悪発想に向いているような、キーワードを検討したのが、この「機能低下ガイドワード」です。是非、このガイドワードを参考にしながら、想像力豊かに意地悪発想をしてみてください。

図表9-15　TRIZの逆転発想法

逆転発想とは平たくいうと、泥棒の目で
セキュリティ・システムを見る方法

（5）リスク評価、リスク低減対策

機能不全となる対象について**図表9-16**で示すようにR-MapまたはRPNでリスク評価を行います。この図では**図表9-17**に示すような評価水準で、2つのリスクについてRPNで評価を行いました。最終的には**図表9-18**に示すような許容水準で、許容可能か否かを判断します。

図表9-16 リスクのRPN評価事例

機能低下ガイドワード (条件・環境下で)	機能不全のシーン予測			リスク評価（RPN評価）				
	When	Who	機能を失わせる行為	重大さ	発生頻度	発見率	リスクの大きさ	許容
ヒンジ バランスを崩せ	使用・作業時	顧客	開閉方向にす直な応力がかかり破損する	3	4	3	36	×
断熱材 局部を悪化させよ	製造時	作業者	真空断熱部材の皮膜に傷を付ける	3	4	1	12	△

第9章 リスク回避ソリューション

製品開発は"機能"にばらして考えろ

品質リスクの場合は機能不全のリスクを評価しますので、結果の大きさは、機能が動作しないことへの顧客の不快感、不平などで記載されます。さらに、自社での影響、例えば設計や製造のやり直しによる損失を設定することも可能です。

リスクが高くて許容できない項目については、改善策を検討し、改善効果をR-MapまたはRPNで評価します。×、△が○になるようにTRIZやTMなどを使って解決していきます。

図表9-17　品質リスク：RPN評価のレベル水準例

ランク	結果の大きさ	故障発生の頻度	故障検知の確率
1	顧客が気づかないような主機能以外での軽微な機能低下による故障	同じ機能で類似部品が使用された実績があり故障確率が比較的低いもの（故障は3年に1度程度）	通常の検出システム（検査やセンサー）で必ず検知できるもの
2	顧客が気づくような主機能以外の補助機能の低下がある故障	過去数年間に故障が発生し、品質管理の不手際、顧客の酷使で発生したもの（故障は1年に1度程度）	欠陥の大部分は検査、試験、加工、組み立てで検出可能なもの
3	顧客が気づくような主機能以外の補助機能の低下がある故障	類似部品での故障が過去頻繁に発生しており、故障確率が高いもの（故障は3カ月に1度程度）	組み立て段階で欠陥を検知できるが、まれに見逃す可能性もあるもの
4	多くの顧客の苦情を引き起こす主機能の低下で高額な補償費がかかる故障	故障が大きな確率で起こることがほぼ確実で、故障の可能性が高いもの（故障は1カ月に1度程度）	顧客に渡る前に検知できる可能性が低く、見逃す可能性もあるもの
5	主機能が顕著に低下するか、潜在的な安全問題を含む故障	故障が大きな確率で起こることがほぼ確実で、故障の可能性が高いもの（故障は1週間に1度程度）	顧客に渡る前に検知できる可能性が極めて低いもの

図表9-18　RPN評価の許容設定例

リスクレベル		許容レベル
最小	最大	
1	2	○
3	4	○
5	8	△
9	12	△
13	18	×
19	27	×
28	125	×

> **参考　DRBFM**
>
> DRBFM (Design Review Based on Failure Mode) は、「変更点」と「変化点」に着目し、従来設計と「比較する」ことにより問題を見える化し、解決策を議論するデザインレビューの手法です。これもリスク分析をボトムアップですべての部品レベルまで実施するのは効率が悪いので、変更点、変化点に着目して効率を上げる方法として、近年注目されているものです。
>
> ここで、変更点とは、意図して設計や製造方法を変えた点、変化点とは部品が使用する環境が変わった点です。本書では、品質リスクのリスク分析の過程で、設計変更点にチェックを入れることでリスク箇所を絞り込むのに、この考え方を使っています。

ポイント

- 品質リスク分析では、機能分析の結果を基に機能重要度、設計変更部位、過去の品質事故の注目部位から、リスク検討対象を絞り込む。
- 機能障害での評価は第1に顧客にとっての損害の見積り、第2に作り手側での損害の見積りになる。機能重要度の低いものや実績のある機能は優先度を下げる。
- 機能低下ガイドワードを参考にして機能不全を起こすシーンを想定し、「機能不全を引き起こす想定原因」のリスト中から選択して起こりうる事象を想定する。
- 機能低下ガイドワードはTRIZの逆転発想法の意地悪発想的なガイドワード。ガイドに従い機能上位から順番に意地悪発想をして想定外リスクを引き出す。
- 品質リスクは機能不全のリスクを評価するので、結果の大きさは機能が動作しないことへの顧客の不快感、不平などで記載する。加えて自社での影響、例えば設計や製造のやり直しによる損失を設定することも可能である。

Column

守りから攻めのリスク発想を

　最近は大きな事故や災害が起こると「想定外のリスクだった」という言葉がよく出てきますね。本当に「想定外」だったか否かが後で議論されていますが、何かの確率を基準として想定していたから想定外だったと弁解のようにも聞こえます。確かにリスクの定義は影響の大きさと発生確率の掛け算です。

　しかし、起こった事態を考えてみると、私たちが大事にしないといけないのは、確率云々ではなく、大きな被害、災害を想像する力とそれに何らかの手を打っておくということではないでしょうか？　製品を開発している技術者にとっては顧客視点ですね。

　私が最近、リスクという言葉で共感したのが、投資顧問会社代表のピーター・バーンスタインの著作『リスク―　神々への反逆』[3]の中で書いている文章です。その中で著者は「『リスク』(risk)という言葉は、イタリア語のrisicareという言葉に由来する。この言葉は『勇気を持って試みる』という意味を持っている。この観点からすると、リスクは運命というよりは選択を意味している」と書いています。

　また、この本の冒頭では「現在と過去との一線を画する画期的なアイデアはリスクの考え方に求められる」とも書かれています。つまり、**「リスク」とは元来、受動的な意味はなく、能動的に未来を選択する意味を持つ**のだということです。

　これはTRIZの「逆転発想法」と通じる部分があって、私は好きなのですが、想定外のリスクに怯えて守りの姿勢となっていないで、勇気を持って未来を創る考え方でリスクを見ていきたいですね。

参考文献

(1) 日本科学技術連盟ホームページ「R-Map手法誕生の歴史と手法の紹介」
　　https://www.juse.or.jp/reliability/introduction/01.html
(2) JIS B9702
(3) ピーター・バーンスタイン著、青山護訳「リスク・上　神々への反逆」日本経済新聞出版社、2001年

第10章
実際の製品開発への適用事例

　以上、「7つの目的別ソリューション」の内容について、主として湯沸かしポットの開発事例を元に説明してきました。

　最後に、オリンパス（株）で製品開発に適用した事例の一端を本章でご紹介します。社外秘の関係もあり、詳細の説明はできませんが、オリンパス（株）のミラーレス一眼カメラの当時のフラグシップ機「OM-D E-M1」の開発で、第8章の「実験・評価効率化ソリューション」を適用した概要を紹介します。この成果は、最新の後継機「OM-D E-M1 Mark II」にも引き継がれており、現在も事業に貢献している事例となっています（この内容は、2016年2月19日に東京コンファレンスセンター品川で開催された一般社団法人日本能率協会主催「2016ものづくり総合大会」で発表しました[1]）。

10．1　デジカメ新製品での適用事例

（1）新製品での課題

　オリンパス（株）は、デジタルカメラでの生き残りをかけて、ミラーレス構造の一眼カメラ（マイクロフォーサーズ規格）の開発に力を入れていました。その中で、ユーザー・ニーズの強かった、従来のミラー付き一眼レフカメラ用交換レンズ（フォーサーズ規格）を使っても、レンズ性能を100％引き出せるフラグシップ機「OM-D E-M1」が企画されたのです。

　この製品では、オリンパス（株）の66種のレンズすべてで最適画質を提供する

画像処理を狙いましたが、それは容易なことではありませんでした。なぜなら、従来は人海戦術で、各撮影条件に応じた画像処理条件を設定して、実際に撮影した写真を、プロカメラマン並みの眼を持つ評価者が毎回、1枚ずつ画質の良し悪しを判断していたからです。一連の作業には膨大な工数がかかり、具体的な数字でいうと、66種のレンズに対し、絞りやズームなどの撮影条件を組み合わせると、5000通り以上の作業を繰り返す必要がありました。また、仮にすべての組み合わせを調べたとしても、そのデータをカメラに搭載するにはとてつもなく大きなメモリが必要で現実的ではありませんでした。

このままでは、とても発売までには間に合わない危機的な状況にありました。

そこで、この状況を打破するために実験評価効率化ソリューションを適用することになったのです。

(2) TMのT法＋実験計画法を適用

今回は、実験・評価効率化ソリューションのうち、TMのT法と実験計画法を使いました。第8章で述べたように、T法は蓄えた多くのデータから結果を予測する方法であり、実験計画法は処理を効率的に進めるためのものです。この2つを武器に、今までとは違った、以下の発想で解決にあたりました。

①プロの眼を持つ評価者の判断を、T法で分析して予測式に置き換える
②人が画質を判断するのではなく、カメラが予測式で判断できるようにする
③カメラに搭載できるよう、実験計画法でコンパクトな予測式に仕上げる

予測式を導くために、**図表10-1**に示すように、これまでに蓄積した、プロの眼を持つ評価者の膨大な画質評価結果を整理して、画質と画像処理条件、レンズ特性などのパラメータの関係をT法によって求めていきました。苦労しましたが、評価者が行った結果を数式で予測できるようになったのです。すなわち、毎回、人が評価しなくてもレンズ特性と撮影条件、画像処理条件を入力すれば、一発で画質の良し悪しがわかるようになったわけです。さらに実験計画法を使うことで、コンパクトな式に絞り込み、このアルゴリズムを画像処理エンジンに組み込んでカメラに搭載することができました（**図表10-2**）。

その結果、このカメラ「OM-D E-M1」ではレンズを装着したら、瞬時に、予測式によって撮影条件に応じた最適な画像処理設定ができるようになりました。こう

図表10-1　T法による予測式の作成

プロの画質評価データを整理

	レンズ種類	カメラ設定	○設定	画質評価
条件1	L1	aaa	sss	10
条件2	L5	bbb	mmm	5
:	:		:	:
条件50	L40	yyy	hhh	8

新たな条件で撮影した写真の画質を予測

画質8！

レンズ　　　：L4
カメラ設定：aaa
○○設定　：mmm

画質に効く条件を求め予測式の精度を向上

プロカメラマンの眼（画質予測アルゴリズム）
画質 = $a_1 X_1 + a_2 X_2 + \cdots\cdots + a_n X_n$　　　　（T法による予測式）

図表10-2　「OM-D E-M1」への搭載

撮影レンズ、絞り値に応じて最適なシャープネス処理

マイクロ・フォーサーズレンズ
（M.ZUIKO DIGITAL）

プロカメラマンの眼がカメラに入った！

画質予測式を使った画像処理アルゴリズム

フォーサーズレンズ
（ZUIKO DIGITAL）
さらに、今後の新レンズにも対応可能！

して私たちはレンズごとの性能を100％引き出すことに成功し、オリンパス（株）の従来機種に比べ、画質を飛躍的に向上させることができました。また、開発での画質評価工数も1／3に削減し、その分フィールド評価に時間をかけ、製品完成を1カ月前倒しできました。「OM-D E-M1」は発売当初から評判も高く、各国で権威ある賞を受賞しました。

図表10-3　後継機「OM-D E-M1 Mark II」

ミラーレス一眼カメラ
OM-D E-M1 Mark II
（2016年12月発売）

　また、2016年12月に発売となった後継機「OM-D E-M1 Mark II」（**図表10-3**）でも、レンズ特性情報をさらに活用し、50M画素出力の撮影モードでも進化した高画質を実現しています。
　本事例は、最高画質を求めるユーザー・ニーズに対し、それを実現するために適用した実験評価効率化ソリューションの好事例といえます。

10.2　7つの目的別ソリューションの適用概要

　このほかにも多くの適用事例がありますが、すべてを紹介できませんので、オリンパス（株）での各ソリューションの代表的な適用事例を**図表10-4**に示します。
　この事例からもわかるように7つの目的別ソリューションは、開発の初期段階から生産まで、多くの開発課題に適用できるようになりました。
　また、課題解決を通じて積み上げた適用事例を、目的別に整理して改良につなげることで、7つの目的別ソリューション自体も、年々進化する仕組みになりつつあります。
　開発者は、常に実践で裏付けされた最新の7つの目的別ソリューションを使って、新たな問題に挑戦しています。

図表10-4　7つの目的別ソリューションの適用概要

テーマ探索	・新しい技術の用途探索 ・新規加工技術の開発部門要求とのマッチング調査
課題設定	・要素技術課題絞り込み ・新製品の試作段階での特許網構築
早期原因究明	・製品試作での不具合の原因究明と解決策 ・加工機の精度が確保できない原因の究明
コストダウン	・製品のユニット改良に伴うコストダウン ・コア部品の製造方法の原価低減案出し
強い特許	・製品の競合特許分析と周辺特許作成 ・サービス業務のフロー分析によるソフトウェアの特許
実験評価効率化	・CAEと組み合わせた最適設計 ・工場での製品の官能評価を自動化
リスク回避	・社内製生産設備の安全リスク予測 ・製品の過去トラブル情報の整理

参考文献

(1) 日本能率協会主催 2016 ものづくり総合大会、オリンパス（株）緒方隆司講演資料「科学的手法による開発効率向上の取組み」2016年

あとがき

　これまでQFD、TRIZ、TMをベースとした目的別の問題解決へのアプローチ方法を駆け足で紹介してきました。本書では紙面の都合もあり、考え方と大まかな手順の記載にとどめていますが、目的に合わせて最適な方法を組み合わせていくには機能をベースとすれば、効率的にできることはご理解いただけたかと思います。

　この機能をベースとしたアプローチ方法は、多くの現場での実践を通じてさらに進化するものと思っていますので、是非、皆さんもいろいろな事例に使ってみてください。皆さんの実践の中でさらに応用が進むことを期待しています。

　また、この考え方は技術開発の問題のみならず、さまざまな業務の分析にも通じると思っており、筆者は開発業務以外への活用も検討中です。また、機会がありましたら、紹介したいと思います。

謝辞

　本書の執筆にあたり、オリンパス株式会社の林繁雄専務執行役員、川俣尚彦常務執行役員には絶大なる後押しをいただきました。また、さまざまなご意見とご協力をいただいた、同社ECM推進部の、面田学部長、三木基晴氏、長井浩氏、藤川一広氏、土屋浩幸氏、阿部一夫氏、佐々木雅広氏、澁谷哲功氏、同社光学システム開発3部の加藤茂部長に深く感謝いたします。

　さらに、オリンパス株式会社にQFD、TRIZを連携させる手法を導入していただき、体系的な取り組みのきっかけを作り、ご指導いただいた株式会社アイデアの前古護社長、並びに、笠井肇氏にも深く感謝いたします。

　ありがとうございました。

索引

【英数字】

1対評価法 …………………………… 73
2元表 ………………………………… 17
7つの目的別ソリューション …… 34, 182
10のBeニーズ ……………………… 30
DRBFM ……………………………… 177
F検定 ………………………………… 143
MTシステム ………………………… 93
O（対象物） ………………………… 1
QFD …………………………………… 16
R-Map法 ……………………………… 167
RPN法 ………………………………… 167
SNマトリックス ………………… 25, 43
S（主体） …………………………… 1
TM ……………………………………… 19
TOC ……………………………… 76, 101
TRIZ …………………………………… 18
TRIZの9画面法 ……………………… 52
t検定 ………………………………… 143
VE ……………………………… 76, 100

【あ】

安全リスク ………………………… 157
因子 ………………………………… 132

【か】

カイ2乗検定 ……………………… 143
回帰分析 …………………………… 144
階層別決定法 ……………………… 72
科学的アプローチ …………… 15, 115
課題設定 …………………………… 59
願望型発想法 ………………… 30, 120
企画品質 …………………………… 17
基準空間 …………………………… 93
機能 ………………………………… 1
機能系統図 ………………………… 4
機能コスト ………………………… 105
機能重要度 ………………………… 105
機能性評価 ………………………… 111
機能達成レベル ………………… 28, 55
機能不全 …………………………… 171
逆転発想法 ………………………… 173
局所化 ……………………………… 138
空間的機能系統図 ………………… 9
空間的機能分析 …………………… 7
空間的な視点 ……………………… 61
空間的リスク分析 ………………… 158
原因分析 …………………………… 80
原因分析ロジック・ツリー ……… 85

工程FMEA	162	相関分析	144
コスト	76	早期原因究明ソリューション	36
コストダウン	99, 103, 106	ソフトウェアの機能	12
コンセプト設計	16		
コントロール因子	64	**【た】**	
根本原因	89, 96	ターゲット・コスト	105
		タグチメソッド	19
【さ】		探索ロジック・ツリー	43
シーズ	21	特性要因図	62
シーズ・ドリブン型QFD	22	特許	125
時間的機能系統図	9	ドラム・バッファー・ロープの理論	102
時間的機能分析	7		
時間的な視点	61	**【な】**	
時間的リスク分析	158	なぜなぜ分析	88
システムの目的	2	ニーズ	21
実験計画法	91	ニーズとシーズの顕在化	41
実験評価効率化	131	ニーズ・ドリブン型QFD	22
重回帰分析	149		
従来例調査	123	**【は】**	
手段展開	47	バッファー	101
障害原因	82	発明的問題解決理論	18
信頼性設計	16	バリュー・エンジニアリング	76
推定原因	89	比較対象	91
請求項	125	品質工学T法	146
正常空間	93	品質特性	21
制約理論	76	品質リスク	157
設計FMEA	162	フィッシャーの3原則	138

物質－場モデル ……………………… 23
部品構成表……………………………… 9
文節分解 ……………………………… 126
撲滅型発想法 ……………………… 30, 120
ボトルネック ………………………… 102
保有技術の展開 ……………………… 47

【ま】
マハラノビス距離 …………………… 93
マルチ・スクリーン ………………… 52
未来予測 ……………………………… 52
無作為化 ……………………………… 138
目標コスト …………………………… 105
目標設定 ……………………………… 16

【や】
優先度 ………………………………… 70
用途展開 ……………………………… 46

【ら】
リスク ………………………………… 74
リスク分析 …………………………… 156
リスクマネジメント ………………… 155
レベルアップ要求項目 ……………… 17

〈著者紹介〉

緒方 隆司（おがた　たかし）

1956年、東京生まれ。

赤井電機株式会社を経て、1989年からオリンパス株式会社にて、磁気デバイス、MO用光ピックアップ、光通信用デバイス、プリンター等の情報機器関連の開発業務、開発部長としてマネジメント経験を積む。

2010年から科学的アプローチを使った開発効率向上の全社推進業務を先導し、開発者目線での取り組みで1000件以上の事例に適用。取り組み成果はQFDシンポジウム、TRIZシンポジウムで毎年発表し、TRIZシンポジウムでは「あなたにとって最も良かった発表」賞を5年連続受賞。

2016年にオリンパス株式会社を定年退職し、現在、株式会社アイデアにてプロジェクト・コンサルティング・ディレクターとして活動中。日本TRIZ協会理事。

製品開発は"機能"にばらして考えろ
——設計者が頭を抱える「7つの設計問題」解決法

NDC501

2017年2月22日　初版1刷発行
2022年5月27日　初版6刷発行

定価はカバーに表示されております。

監修者　オリンパス㈱ECM推進部
著　者　緒　方　隆　司
発行者　井　水　治　博
発行所　日刊工業新聞社

〒103-8548　東京都中央区日本橋小網町14-1
電話　書籍編集部　03-5644-7490
　　　販売・管理部　03-5644-7410
　　　FAX　　　　　03-5644-7400
振替口座　00190-2-186076
URL　https://pub.nikkan.co.jp/
email　info@media.nikkan.co.jp

印刷・製本　新日本印刷

落丁・乱丁本はお取り替えいたします。　　2017 Printed in Japan
ISBN 978-4-526-07661-9

本書の無断複写は、著作権法上の例外を除き、禁じられています。